Peter Larsson

Tiere im Garten

Bassermann

INHALT

VORWORT

Das Buch, das Sie in der Hand halten, ist kein allumfassendes Handbuch über das Tierleben im Garten. *Tiere im Garten* sollte eher als Eingangspforte zu dem faszinierenden Gewimmel betrachtet werden, das in der Regel gleich um die Ecke Ihres (Ferien-)Hauses zu finden ist. Außerdem, und das betrachte ich selbst als das Allerwichtigste, soll es einfach zu benutzen sein und die Auswahl der Arten so sparsam sein, dass auch Kinder Freude an dem Buch haben. In vielen Fällen kann es vielleicht sogar als kleiner Naturführer für das Tierleben außerhalb des Gartens mitgenommen werden – bei Spaziergängen im Wald oder in einer öffentlichen Grünanlage in der Nähe. Denn von den 111 beschriebenen Arten zählen viele in einem großen Teil unseres Landes zum „Basisangebot".

Die Arbeit an diesem Material hat viele Jahre gedauert und es manchmal mit sich gebracht, dass meine Kinder das Tierleben in unserem Garten ohne ihren Papa erkunden mussten. Ich selbst saß so manchen langen Tag im Atelier und studierte Belegexemplare, Fotos und Skizzen. Doch jetzt, da die Arbeit abgeschlossen ist, kann ich ihnen mit großer Freude zeigen, warum ich gezwungen war, drinnen im Atelier zu sitzen, als die Sonne am allerschönsten schien. Das, und die Tatsache, dass sie jetzt das Buch in die Hand nehmen können, wenn sie im Gemüsebeet arbeiten, ist eine große Belohnung für mich!

Peter Larsson
Skartofta im Oktober 2009

BIOLOGISCHE VIELFALT IM GARTEN

Dass ein Garten in vielerlei Hinsicht ein biologisches Paradies sein kann, weiß wohl jeder, der je versucht hat, Kohl anzubauen. Es dauert gewöhnlich nicht lange, bis sich die ersten Raupen einstellen und die hoffnungsvoll grünenden und sprießenden Blätter ein jämmerliches Aussehen annehmen. Genau wie Rosen als Magneten für Blattläuse fungieren, steinerne Wege Horden von Ameisen und Erdbeerbeete Schnecken anziehen können, stellt Kohl – in allen seinen Formen – eine unwiderstehliche Verlockung für die „Wildnis" dar. Doch all dies lässt sich zum Positiven wenden. Zumindest, wenn man zum einen lernt, wie das Ökosystem eines Gartens funktioniert, und zum anderen akzeptiert, dass unsere Gärten nach denselben Regeln leben wie die übrige Natur. Denn was wir eigentlich tun, wenn wir unsere Rabatten und Gartenbeete anlegen, ist, ein künstliches „Weideland" zu schaffen, das allem Ungeziefer in der Gegend förmlich zuschreit, dass hier Essen in Hülle und Fülle serviert wird! Der Nachteil solcher Monokulturen ist, dass eigentlich das Gedeihen einer einzigen schädlichen Art ausreicht, um die Entwicklung aus der Bahn zu werfen. Deshalb ist die biologische Vielfalt, das heißt eine Mischung unterschiedlicher Tier- und Pflanzenarten, so wichtig, damit das Ökosystem in unseren Gärten funktioniert und zwischen all dem Gewürm ein „Gleichgewicht des Schreckens" herrscht.

Will man nicht mit ungebetenen Gästen in seinen Stauden oder Beerensträuchern leben und sucht Handlungsmöglichkeiten für einen bereits eingetretenen Schaden, so ist im Handel eine Unzahl mehr oder weniger bequemer Bekämpfungsmittel erhältlich. Doch in unseren aufgeklärten Zeiten findet man diese Art der chemischen Kriegsführung vielleicht weniger attraktiv. Besser, man bedient sich all der freiwilligen Helfer, die einem – ganz ökologisch – im Kampf gegen die weniger erwünschten Gäste beistehen können. So sind zum Beispiel die Raupen der Florfliege und des Marienkäfers ausgezeichnete Blattlausjäger, die Blaumeise ist ein Teufelskerl im Sammeln von Kohlweißlingsraupen und der Igel ein unermüdlicher Verfolger von Schnecken. Deshalb ist es so wichtig, die Wildnis einzuladen, anstatt zu versuchen, sie auszusperren. Wenn wir den Garten so gestalten, dass beispielsweise der Igel in etwas „zerzausteren" Ecken hinter Nebengebäuden und Holzschuppen Nahrung finden kann, so profitieren davon automatisch auch unsere Gartenbeete.

Vögel

Die Tiere, denen man am einfachsten helfen kann und die in der Regel am schnellsten auf eine Maßnahme reagieren, sind Vögel. Es ist oft verblüffend, welch durchschlagende Wirkung einfache Maßnahmen zeigen, wie das Anbringen von Nistkästen oder das Füttern der Vögel im Winter.

Mit derart einfachen Mitteln kann man sowohl den Artenreichtum als auch die Anzahl der Lebewesen in seiner Heimatgegend beeinflussen.

Der Grund dafür, dass sich so viele Höhlen bauende Arten schnell in Nistkästen ansiedeln, ist einfach: In ihrer Welt herrscht Wohnungsmangel. Daran sind wir Menschen maßgeblich beteiligt, weil wir so fleißig dabei sind, an Bäumen, die den Vögeln natürlichen Wohnraum bieten können, die Natur „aufzuräumen".

Im Wald ist es inzwischen gesetzlich vorgeschrieben, dass man Höhlenbäume bei Abholzungen gezielt verschont, doch dies hat zur Folge, dass man auf den Schlagflächen oft einzelne, vom Wind gepeinigte Bäume sieht, die nur stehen gelassen wurden, weil sich darin eine Wohnhöhle befand. Vielleicht eine, die der Buntspecht ausgemeißelt hatte und die danach von einer Meise oder sogar einem Sperlingskauz bewohnt wurde. Doch dies war mit größter Sicherheit bereits, bevor der Rest des Waldes verschwand. Denn die Vögel wollen nicht in einem einsamen Baum auf einer trockenen, ungastlichen und windigen Verjüngungsfläche leben. Sie brauchen Randzonen, Waldränder und verschieden alte und unterschiedlich beschaffene Lebensräume, um sich wohlzufühlen. Genau hier kommen unsere Nistkästen ins Spiel!

Die allermeisten Gärten und Parks sind für viele Kleinvogelarten wie geschaffen. Nicht zuletzt, weil so viele unserer Ziersträucher, Obstbäume und Rabatten blühen und dadurch Insekten anziehen – was oft die Grundlage für erfolgreiches Brüten bildet. Denn auch wenn sich erwachsene Vögel, wie zum Beispiel viele Finken und Sperlinge, hauptsächlich von Früchten ernähren, füttern fast alle Vogelarten ihre Jungen mit tierischer

Nahrung. Wenn wir ihnen also mit einem Nistplatz helfen, helfen sie uns im Gegenzug dabei, das Gewürm in Schach zu halten.

Welche Art Nistkasten man baut, spielt eine geringere Rolle als dass man es überhaupt tut. Die Vögel sind in der Regel nicht besonders wählerisch, wenn es ans Beziehen der Kästen geht. Dagegen kann man oft steuern, an welche Art man seine Maßnahmen richten will: Kleine Vögel wollen kleine Einfluglöcher, größere Vögel große. Die Grundregel besagt auch, dass eine kleine Art, wie die Blaumeise, auf recht beengtem Raum ihre Brut aufziehen kann, während beispielsweise Stare einen geräumigeren Kasten benötigen. Optimal ist es, wenn man variiert, sodass verschiedene Arten von Höhlenbauern eine Chance haben, einen Nistkasten zu finden, der zu ihnen passt. Man sollte nach Möglichkeit auch mehr als einen Nistkasten derselben Größe bereitstellen. Denn je mehr Nistkästen der betreffenden Art zur Verfügung stehen, desto größer ist die Chance, dass einer der Kästen bewohnt wird. Außerdem wechseln Kleinvögel den Nistkasten, wenn sie es schaffen, mehr als einmal zu brüten. Wenn der alte Nistkasten dem Angriff einer Elster, einer Katze oder eines Eichhörnchens ausgesetzt wurde, betrachten sie es gewöhnlich als zu riskant, ihn später noch einmal als Wohnort zu nutzen.

Ein verbreitetes Problem bei Vogelnistkästen mittlerer Größe, das heißt solchen mit einer Öffnung von circa drei Zentimetern, ist, dass sie oft verschiedene Vogelarten anziehen. Die häufig vorkommenden Konflikte zwischen Trauerschnäppern und Kohlmeisen drehen sich nicht selten um genau so einen Nistkasten. Deshalb ist es wiederum wichtig, dass man, wenn man schon einmal am Werk ist, mehrere Kästen herrichtet, damit sich die Konkurrenten in zwei Nistkästen zurückziehen können, die am besten eine gewisse Entfernung zueinander haben. Will man dem Fliegenschnäpper bei seiner Ankunft im Frühjahr, wenn die Kohlmeise in der Regel bereits mit der Aufzucht ihrer ersten Brut beschäftigt ist, einen freien Nistkasten garantieren, so kann man rechtzeitig im Winter das Loch eines Nistkastens zupfropfen, um ihn für kommende Fliegenschnäpper zu „reservieren". Man darf nur nicht vergessen, ihn rechtzeitig (ab Ende April) zu öffnen, damit nicht der Fliegenschnäpper eines schönen Frühlingsmorgens auftaucht und beim Anblick des versperrten Lochs wieder verschwindet.

Nistkästen sind auch im Winter nützlich, denn während der kalten Jahreszeit suchen viele Kleinvögel das Nest zum Schlafen auf. Da ist ein Nistkasten – der im Idealfall gesäubert und mit etwas trockenem Gras oder Spänen ausgelegt wurde – ein perfekter Ort für sie, um auch den kältesten Winternächten zu trotzen. Einige Arten können solche Herbergen sogar gemeinsam nutzen, und es macht immer wieder aufs Neue Spaß, eines Wintermorgens im Dämmerlicht einen Vogel nach dem anderen den Nistkasten verlassen zu sehen!

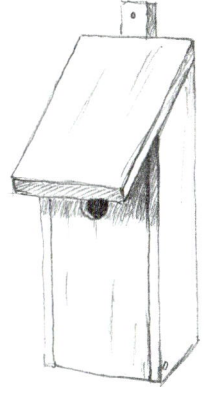

Das Dach sollte nicht zu weit vorstehen.

Der Nistkasten sollte vor Elstern und Katzen geschützt sein.

Die Teile dieses Standardnistkastens können Sie aus einem einzigen Brett sägen, ein breiteres Brett ergibt einen größeren Nistkasten. Bestimmen Sie, wie groß das Einflugloch des Nistkastens sein soll, und passen Sie die Breite dementsprechend an. Bohren Sie das Einflugloch leicht schräg nach oben, damit kein Wasser hineinrinnt. Sägen Sie auch den mittleren Schnitt im Brett (zwischen den Oberseiten von Vorder- und Rückwand) leicht schräg, damit diese Wände abgefast sind und besser gegen das Dach passen.

Einige Lochgrößen:
2,5 cm – Blaumeise
3 cm – Kohlmeise, Trauerschnäpper, Rotschwänzchen und Feldsperling
5 cm – Star

Igel und Fledermäuse

Sowohl der Igel als auch die heimischen Fledermausarten sind Fleischfresser und dadurch potenzielle Verbündete im Kampf gegen unerwünschte Schädlinge: der Igel vor allem in Gartenbeeten und Rabatten, wo er sich gern Nackt- und Gehäuseschnecken einverleibt, und die Fledermaus, wenn es um Fluginsekten geht. Beide sind Nachttiere, und oft bemerkt man nur an ihrem als „Visitenkarte" hinterlassenem Kot, dass sie da waren.

Dem Igel zu helfen ist nicht besonders schwierig. Zumindest nicht, wenn man ein Nebengebäude oder eine Art Schuppen in seinem Garten hat. Damit kann man ihnen leicht einen Unterschlupf bieten, unter dem sie sich verkriechen können, um dort zu leben, ihre Jungen zu gebären oder ihren Winterschlaf zu halten. Obwohl heutzutage so viele Igel im Straßenverkehr getötet werden und die Umwelt ganz allgemein igelfeindlicher geworden ist, gibt es Menschen, die behaupten, der wirkliche Grund für das Zurückgehen des Igelbestands sei der, dass es keine Schuppen mehr gibt, unter denen sie leben könnten! Denn diese passten dem Igel ganz vorzüglich und konnten ihm das ganze Jahr über als geschützter Schlupfwinkel dienen.

Hat man nicht die Möglichkeit, einen ähnlichen Wohnplatz einzurichten, so kann man ein künstliches Igelhaus bauen. Dieses besteht eigentlich nur aus einem Holzkasten mit einer Röhre, zum Beispiel aus Brettern, die in die eigentliche Wohnhöhle führt. Die gesamte Konstruktion wird in einer ruhigen Ecke des Gartens, von der man erwarten kann, dass sich der Igel dort wohlfühlt, direkt auf den Boden gestellt und dann mit Erde oder Reisig überdeckt.

Eine eigentliche Fütterung der Igel ist nicht erforderlich, da wir ja wollen, dass sie sich ihre natürliche Nahrung im Garten suchen. Aber in ungewöhnlich trockenen Sommern kann es sinnvoll sein, dafür zu sorgen, dass sie aus einer Schale mit niedrigem Rand Wasser trinken können – solche Schalen werden übrigens auch von Vögeln (zum Baden) sowie von Schmetterlingen geschätzt.

Für Fledermäuse gilt ungefähr dasselbe wie für Igel, sie brauchen einen „Brutplatz", an dem sie ihre Jungen aufziehen können, und eine gute Unterkunft für den Winter. Ähnlich wie der Igel halten sie Winterruhe,

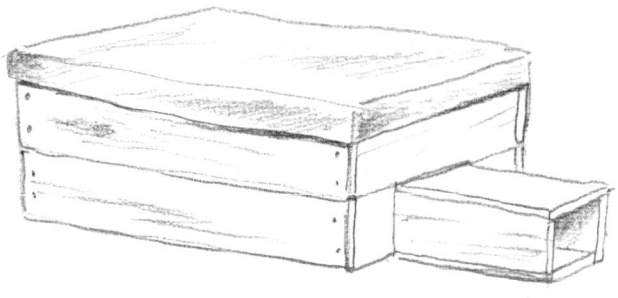

Igelhaus, die Höhle misst circa 40 x 40 cm
und die Eingangsröhre 10 x 10 cm.

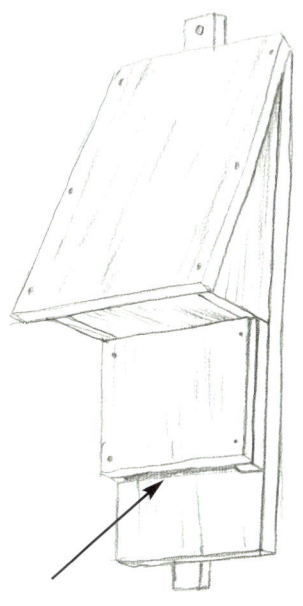

Fledermauskasten, das Einflugloch misst circa 20 x 3 cm.

und da es heute an großen und
hohlen alten Bäumen mangelt,
die früher vermutlich vielen
Arten einen Überwinterungs-
platz geboten haben, suchen
sie vorzugsweise Häuser und
Gebäude auf. Oft wählen sie
Neben- und andere Wirt-
schaftsgebäude, aber sie können auch genauso gut auf
Dachböden, in Außenwänden
oder unter Dachziegeln von
Wohnhäusern Unterschlupf
finden. Die allermeisten Fledermausarten, die sich in der
Nähe von uns Menschen niederlassen, hängen nicht in
Höhlen und Kirchengrüften
kopfüber von der Decke, sondern klammern sich mit Händen und Füßen
fest, und zwar eher in waagerechter Haltung.

Wenn man nun diese possierlichen kleinen Wesen nicht als Untermie-
ter haben möchte, gibt es auch für dieses Problem eine Lösung: Fleder-
mauskästen. Diese sind von außen betrachtet eigentlich nur eine Variante
des Nistkastens und etwa genauso groß, aber anstelle eines runden Einflug-
lochs haben sie einen kleinen Schlitz im Boden – zwei bis drei Zentimeter
Breite reichen aus, durch den die Fledermaus hineinkriechen kann. Auf
dem Bild oben ist ein klassisches Modell zu sehen, das aufgrund seiner
Zweckmäßigkeit und recht einfachen Konstruktion sehr beliebt ist. Wenn
man etwas unterhalb des Kastens eine Leiste annagelt, kann man außerdem
leicht beurteilen, ob er bewohnt ist, da sich dort der Kot sammelt und verrät, ob jemand zu Hause ist.

Insekten

Insekten angemessene Wohnmöglichkeiten zu bieten ist im Allgemeinen
recht schwierig, aber zwei Gruppen, denen man gern Unterkünfte baut,
sind Hummeln und Bienen.

Hummeln leben in freier Natur in der Regel in alten Mause- und
Wühlmauslöchern. Was man für sie tun kann, ist, eine künstliche Höhle
im Boden anzulegen, in der sie ihr Nest bauen können. Am einfachsten

ist es, einen herkömmlichen Blumentopf zu nehmen (am besten mit möglichst kleinem Durchmesser) und ihn umgestülpt in der Erde einzugraben, sodass nur der Topfboden mit dem Dränageloch herausragt. Um die Konstruktion einladender zu machen, kann man den Topf mit einem geeigneten Material wie trockenem Gras und Erde füllen. Am besten ist es, wenn das Material aus einem vorhandenen Mause- oder Wühlmausloch stammt, weil die Hummeln offenbar von dessen Geruch angezogen werden.

Soziale Bienen, wie die zahme Honigbiene, hält man im Allgemeinen in Körben, während solitäre Bienen, wie die Rote Mauerbiene, allein in geeignete Löcher einziehen, die sich beispielsweise in Wänden oder Mauern befinden. Solitären Bienen kann man, wenn man möchte, eine Wohnmöglichkeit in einem sogenannten Bienenhotel anbieten, das aus einem Bündel von Schilf- oder dünneren Bambusrohren besteht, die man mit einer Schnur zusammenbindet, und das an einem ungestörten und vorzugsweise sonnigen Platz angebracht werden sollte. Solche Bienenhotels werden oft als Wohnplatz geschätzt, und nicht selten zieht eine Rote Mauerbiene oder eine Blattschneiderbiene ein, die das Loch mit kunstvoll ausgeschnittenen Blattstücken auslegt. Wenn man Glück hat, werden freie Löcher von mehreren verschiedenen Arten besiedelt, aber das hängt davon ab, welche solitären Bienen sich in der Umgebung wohlfühlen. Wenn man es sich noch einfacher machen will, kann man ein Nistholz bauen, indem man in ein Aststück eine Reihe von fünf bis zehn Zentimeter tiefen Löchern mit einem Durchmesser von 0,4 bis einem Zentimeter bohrt. Egal, für welche Methode man sich entscheidet, das eine oder andere Loch wird wahrscheinlich von fleißigen kleinen Bienen besiedelt werden.

Für die übrige Insektenwelt braucht man nur zu versuchen, eine möglichst vielfältige Umgebung zu schaffen und nicht allzu fleißig in allen Teilen des Gartens das Unkraut zu beseitigen. Denn je mehr „Unordnung" wir zu akzeptieren bereit sind, desto mehr laden wir die Bewohner der wilden Natur ein. Als Paradebeispiel kann angeführt werden, wie wichtig es ist, Nesseln und Disteln eine eigene Ecke einzuräumen. Viele Tagschmetterlinge und ihre Raupen schätzen diese Pflanzen, und manchmal sind es ausgerechnet die blühenden Disteln, die von mehr Schmetterlin-

Dies sind zwei Beispiele dafür, wie ein Bienenhotel aussehen kann.

gen besucht werden als der „Schmetterlingsflieder" Buddleia. Der benötigt auch bedeutend mehr Pflege als Disteln und Nesseln.

Vorschläge für nektarreiche Pflanzen, die Schmetterlinge und andere Insekten anlocken:
Schmetterlingsflieder
Blaukissen
Thymian
Wilder Oregano
Große Fetthenne
Lavendel
Heckenkirsche

Ein Gartenteich vergrößert den Bekanntenkreis!

Will man eine Oase schaffen, in der sich wilde Tiere wohlfühlen, so ist ein Gartenteich nur schwer zu überbieten. Ungeachtet seiner Größe lockt er Vögeln und Lurchen bis hin zu Insekten und Säugetieren viele Tiere an. Für manche bleibt er lediglich eine Wasserstelle, für andere wird er zum gesamten Lebenskosmos, in dem sie sich vermehren und schließlich sterben. Der Teich ist in puncto Lebensvielfalt unübertroffen und außerdem eine ästhetische Bereicherung, denn am Ruhe spendenden Wasserspiegel fühlt sich auch eine Vielzahl wunderschöner Pflanzen wohl.

Wie ausgeklügelt man seinen Teich gestaltet, bleibt jedem selbst überlassen. Aber ein einfacher Tümpel ist bei den Tieren oft beliebter als ein raffinierterer Kunststoffteich mit Springbrunnen oder einem kleinen Wasserfall. Wenn man Frösche, Kröten und Salamander als Bewohner haben möchte, ist es umso besser, je ruhiger das Wasser ist, und vielleicht am besten, wenn man ganz auf Pumpen und Filtersysteme verzichtet. Der Teich neigt dann zwar dazu, trüb zu werden und sich mit abgefallenem organischem Material zu füllen, aber auf lange Sicht pflegt sich ein Ökosystem zu entwickeln, das sich als biologischer Filter dieses Problems annimmt. In meinem eigenen Garten habe ich vor fast zehn Jahren genau so einen Teich angelegt und ihn ohne Eingriffe und Säuberungen sein eigenes Leben führen lassen. Die Liste der Arten dort ist inzwischen sehr lang und wurde sogar von dem seltenen Nördlichen Kammmolch gekrönt! Egal, welche Art Teich man anlegt, er wirkt sich positiv auf die biologische Vielfalt im Garten aus. Es ist also mit Teichen genauso wie mit Nistkästen – besser, man legt irgendeinen an, als dass man es ganz bleiben lässt!

Maulwurf Talpa europaea

* Länge: ca. 15 cm
* örtlich verbreitet in Rasen mit vielen Regenwürmern und gutem sonstigem Nahrungsangebot

Vielen Gartenbesitzern braucht man den Maulwurf nicht näher vorzustellen. Wer ihn in seinem Rasen bereits zu Besuch hatte, weiß, dass er nur wenige Tage benötigt, um eine beliebige Rasenfläche zu verwüsten. Die charakteristischen Erdhügel – die schwer von denen der Schermaus (Großen Wühlmaus) zu unterscheiden sein können – sind Aushubmaterial aus den von ihm gegrabenen Tunneln. Von diesen gibt es zwei Arten: zum einen tiefer gelegene, dauerhaftere Gänge, zum anderen oberflächlichere „Jagdgänge", in denen der Maulwurf einen großen Teil seiner Beute fängt. Die Hauptnahrung des Maulwurfs besteht aus Regenwürmern (an die 80 Prozent), aber er frisst auch Frösche, Larven, Käfer und andere Insekten und Würmer, die er in seinen Gängen findet. Da er pro Tag die Hälfte seines Körpergewichts an Nahrung benötigt, ist er ständig auf Essenssuche. Nicht einmal während der kalten Jahreszeit legt er eine Pause ein, sondern ist den ganzen Winter über aktiv, dann allerdings in seinen tieferen Gängen.

Der Maulwurf verbringt fast sein ganzes Leben unter der Erde und hat seine Sehfähigkeit praktisch verloren, besitzt dafür aber ein hervorragendes Gehör. Er ist jedoch nicht völlig blind, auch wenn die Augen extrem klein sind. Den größeren Teil des Jahres lebt der Maulwurf völlig allein und duldet Artgenossen nur während der Paarung. Die vier bis sechs Jungen werden vom Weibchen in dessen eigenem Tunnelsystem aufgezogen. Danach gehen die Jungen oberirdisch auf die Suche nach eigenen Revieren, was sie zur leichten Beute für Raubtiere macht.

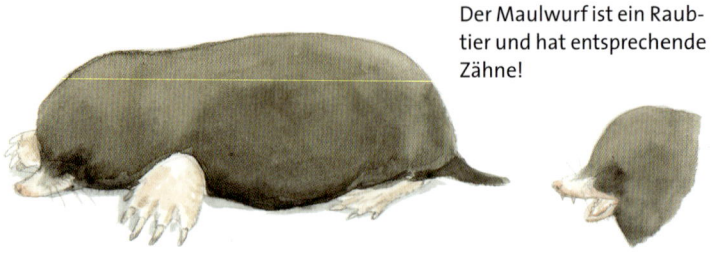

Der Maulwurf ist ein Raubtier und hat entsprechende Zähne!

Igel Erinaceus europaeus

* Länge: ca. 30 cm
* eines der ältesten Säugetiere der Welt
* örtlich bedroht durch Straßenverkehr und Landschaftsausbeutung

Der Igel gehört zu den ältesten Säugetieren unseres Landes, und es ist bemerkenswert, in wie vieler Hinsicht er sich an Menschen angepasst hat. In freier Natur trifft man ihn seltener an als in dichter besiedelten Wohngebieten und ländlichen Gehöften. Das liegt daran, dass wir Menschen eine Umgebung geschaffen haben, deren Kombination aus gepflegten Grasflächen, Gebüschen und Verstecken sich ganz vorzüglich für Igel zum Überwintern eignet.

Der Igel ist ein Raubtier, das auf der Jagd nach seiner Lieblingsbeute – Würmer, Käfer, Nacktschnecken, Larven und anderes Gewürm – weite Strecken zurücklegt, oft bis zu einem Kilometer pro Nacht. Seine Beute findet er dort, wo das Gras ein wenig höher gewachsen ist und wo es struppige und Schatten spendende Sträucher gibt. Wenn man Igel zu Besuch haben will, kann es sich lohnen, eine Ecke im Garten etwas verwildern zu lassen. Außerdem benötigt er unbedingt eine geeignete Höhlung zum Überwintern, in der das Weibchen auch seine Jungen gebären kann. Wer einen Gartenschuppen oder ein anderes Nebengebäude in seinem Garten hat, kann

Der Igel fühlt sich oft in unserer Nähe wohl. Er ist ein nützlicher Schädlingsbekämpfer, vor allem aber hebt er die Stimmung im Garten. Weil der Igel ein vorwiegend nachtaktives Tier ist, bemerkt man seine Anwesenheit manchmal nur an dem Kot, den er auf dem Rasen hinterlässt.

dafür sorgen, dass sich die Igel darunter verkriechen können. Oder man kann ein Igelhaus bauen, wie auf Seite 12 beschrieben.

Oft entdeckt man die Igel während ihrer lauten Balz im Mai, bei der das Männchen unter ständigem Schnauben das Weibchen umkreist. Das Weibchen bewegt sich in der Regel ziemlich lange in der Mitte des Kreises, manchmal eine gute Stunde, bis es das Männchen akzeptiert und zur Paarung einlädt. Die Tragezeit liegt bei ungefähr 35 Tagen, worauf in einem vom Weibchen hergerichteten Bau die kleinen, bereits stacheligen Jungen geboren werden. Dies kann von Juni bis August geschehen, je nachdem, wann das Weibchen trächtig wurde, und die Jungen werden ungefähr sechs Wochen lang von der Mutter gesäugt.

Ein Wurf von normaler Größe pflegt aus vier bis fünf Jungen zu bestehen, von denen aber bestenfalls die Hälfte das Erwachsenenalter erreicht.

Der Igel hat zwar nicht viele natürliche Feinde, vor allem aufgrund seiner phänomenalen Stacheln, aber in der modernen Landschaft fordert der Straßenverkehr eine alarmierende Zahl von Opfern. Außerdem hat das Wetter großen Einfluss auf die Igel – zu trockene oder kalte Sommer machen es ihnen oft schwer, genug Nahrung zu finden, um sich vor dem Winterschlaf einen Fettvorrat anzufressen.

Die Stacheln eines Igels sind eigentlich umgebildete Haare und werden durch neue ersetzt, wenn sie abgenutzt sind. Ein einzelner Stachel hat eine Lebensdauer von etwas über einem Jahr, und ein ausgewachsener Igel besitzt oft über fünftausend Stacheln.

Wer einen Gartenteich hat, sollte daran denken, dass Igel leicht darin ertrinken können, wenn er zu hohe Ränder hat. Die Igel regelmäßig zu füttern, ist die beste Methode, um zu erreichen, dass sie sich wohlfühlen. Das stellt zum einen hohe Anforderungen daran, welches Essen man ihnen geben sollte (auch wenn man spezielles Igelfutter bestellen kann), und erfordert zum anderen, dass man konsequent ist und es nicht nur tut, wenn man gerade Lust dazu hat. Ein gesunder Igel verhungert selten, und außerdem ist er ja in Ihrem Garten, um die Tiere zu fressen, die Sie lieber nicht selbst beseitigen möchten: die Schnecken!

Wenn die Jungen geboren werden, sind sie bereits mit einigen weichen Stacheln ausgestattet. Diese verhärten sich und werden mehr, wenn der Igel wächst. Wie Katzenwelpen werden Igeljunge blind und sehr hilflos geboren.

Große Waldmaus (Gelbhalsmaus)
Apodemus flavicollis

* Länge: ca. 10 cm (ohne Schwanz)
* sehr gelenkig und lebhaft
* kontrastreiches Fell mit brauner Oberseite und hellem Bauch

Von den Nagetieren, die Gärten und Häuser zu besuchen pflegen, ist die Große Waldmaus eines der häufigsten. Besonders im Herbst kann sie örtlich zur Plage werden, vor allem während der Erntezeit, da sie, wie andere Nagetiere auch, neue Gebärplätze in unserer Nähe sucht.

Die Große Waldmaus unterscheidet man am einfachsten durch den langen Schwanz und die kontrastreichere Zeichnung von der Hausmaus und der Kleinen Waldmaus (die deutlich seltener ist). Außerdem hat sie an der Unterseite des Halses einen hellbraunen Fleck, weshalb sie auch Gelbhalsmaus genannt wird. Durch den langen Schwanz kann die Große Waldmaus mit einer Ratte verwechselt werden, aber sie ist deutlich schlanker als die Ratte und unterscheidet sich von dieser durch ihre nussbraune Farbe.

Die Waldmäuse können pro Saison bis zu viermal werfen, und unter guten Bedingungen kann jeder Wurf aus mehr als fünf Jungen bestehen. Deshalb kann aus einem einzigen Paar in recht kurzer Zeit eine größere Kolonie werden. Allgemein betrachtet ist sie jedoch in unseren Häusern nur selten ein Problem, weil sie im Unterschied zu Hausmaus und Wanderratte weitgehend ein Leben im Freien bevorzugt.

Wie viele andere Nagetiere auch ist die Große Waldmaus vorwiegend nachtaktiv. Sie frisst sowohl tierische als auch pflanzliche Nahrung und neigt dazu, ein Opportunist zu sein, der nutzt, was gerade im Angebot ist. Das kann alles von Nüssen, Obst, Samen und Wurzeln bis hin zu Insekten und anderen Kleintieren sein.

Die Hausmaus ist grauer, weniger kontrastreich und hat einen kürzeren Schwanz als die Große Waldmaus.

Große Waldmaus
(Gelbhalsmaus)

Kleine Wald-
maus

Die Waldmaus ist trotz ihres Namens nicht ausschließlich an den Wald gebunden, sondern fühlt sich in vielen verschiedenen Umgebungen wohl.

Das Fell der Kleinen Waldmaus ist weniger farbig als das der Großen Waldmaus. Außerdem kommt sie nicht so weit oben im Norden vor wie ihre größere Verwandte.

Erdmaus Microtusagrestis

* Länge: ca. 10 cm (ohne Schwanz)
* örtlich in Gärten sehr verbreitet

Die Erdmaus gehört zu den Wühlmäusen und ist von den Kleinnagern, die im Garten Schaden anrichten können, einer der schlimmsten. Sie ist außerdem ziemlich verbreitet und kommt in den meisten Umgebungsarten vor. Wie andere Wühlmäuse auch unterscheidet sie sich von den Echten Mäusen dadurch, dass sowohl der Schwanz als auch die Ohren deutlich kürzer sind, und bei der Erdmaus erreicht der Schwanz nie mehr als ein Drittel der Körperlänge. Von der ihr ähnlichen Rötelmaus kann man die Erdmaus an den Ohren unterscheiden, die kleiner sind.

Die Anwesenheit der Erdmaus bemerkt man daran, dass die Wurzeln von Pflanzen abgenagt wurden oder in der Winterzeit bodennahe Rinde abgeschält wurde. Letzteres liegt daran, dass die Wühlmäuse gern in der Luftschicht leben, die sich unter der Schneedecke bildet, und dort ohne Gefährdung durch Raubtiere ihr Unwesen treiben können. Außerdem legen sie oft zahlreiche Gänge unter Rasenflächen oder Rabatten an, hinterlassen aber in der Regel weniger große Hügel auf dem Rasen als der Maulwurf oder die Schermaus. Nach der Schneeschmelze kann man manchmal die Gänge der Erdmaus sehen, die sie zwischen dem Schnee und dem Erdboden angelegt hat.

Schermaus (Große Wühlmaus)
Arvicola terrestris

* Länge: ca. 18 cm (ohne Schwanz)
* weit verbreitet, vor allem an Wasserläufen

Die Schermaus ist fast doppelt so groß wie andere Wühlmäuse und lässt sich eigentlich am leichtesten mit den Ratten verwechseln. Aber im Unterschied zu diesen hat sie den für Wühlmäuse typischen deutlich kürzeren Schwanz (etwa halbe Körperlänge), kleinere Ohren und eine stumpfere Nase. Sie lebt meist in Wassernähe, und man kann manchmal sehen, wie sie auf ein schützendes Loch zustürzt, wenn sie gestört wird. Der Eingang dieser Löcher kann unter der Wasseroberfläche liegen. In Gärten kann die Schermaus örtlich ein ernsthafter Schädling sein, der Wurzeln und Rinden abnagt oder den Boden mit seinen Gängen unterhöhlt. Manchmal können kleinere Bäume und Büsche unter der Bodenoberfläche ganz abgenagt werden und plötzlich anfangen, sich zu neigen!

Wie der Maulwurf schichtet die Schermaus im Anschluss an ihre Gänge große Erdhügel auf, und es ist oft schwierig, die Hügel des Maulwurfs von denen der Schermaus zu unterscheiden. In der Regel befindet sich bei Maulwurfshügeln das Loch in der Mitte des Hügels, während der Eingang des Schermaushügels seitlich liegt, aber dies kann in der Praxis schwer zu unterscheiden sein.

Die Jungen der Schermaus werden nackt und blind geboren. Sie werden aber schon nach zwei Monaten geschlechtsreif, sodass sich die Schermaus in kurzen Abständen vermehrt.

Breitflügelfledermaus
Eptesicus serotinus

* Länge: ca. 7 cm
* eine von ca. 25 Fledermausarten in Mitteleuropa
* nachtaktiv und tagsüber gut versteckt
* fängt ihre Beute mithilfe von Überschall

Von den über 20 in Deutschland verbreiteten Fledermausarten stehen fast alle als gefährdet auf der Roten Liste. Da die verschiedenen Arten besondere Anforderungen an ihren Lebensraum stellen, variiert die Zusammensetzung der Arten in unterschiedlichen Umgebungen ziemlich stark. Einige brauchen hohle alte Bäume, um sich wohlzufühlen, andere suchen zum Jagen Gewässer auf, und die traditionelle Vorstellung, dass sich Fledermäuse am liebsten in Höhlen und alten Ruinen aufhalten, lässt sich nicht aufrechterhalten. Wichtiger ist, dass die Umgebung natürliche Wohnhöhlen bietet, beispielsweise in Bäumen, und dass nachts genug Insekten unterwegs sind, die sie fangen können. Sämtliche Arten, die in unseren Gärten auftauchen können, befinden sich dort wegen des guten Angebots an nachtaktiven Insekten. Wenn man auf Balkon oder Terrasse von Mücken geplagt wird, ist also der Anblick einer kleinen pfeilschnellen Fledermaus gegen den Abendhimmel etwas, worüber man sich freuen kann!

Die Breitflügelfledermaus ist eine der häufigsten Arten unseres Landes. Mit einer Flügelspannweite von ungefähr 35 Zentimetern und einer Körperlänge von sechs bis acht Zentimetern gehört sie zu den größeren Fledermäusen in Europa. Wie so viele ihrer Verwandten ist sie nachtaktiv, und beginnt kurz nach Sonnenuntergang mit ihrer Jagd auf verschiedene Insekten. Ihr Suchruf erklingt im Hochfrequenzbereich und ist für uns Menschen nicht hörbar, da seine Frequenz bei 24 bis 35 Kilohertz liegt. Während die Männchen eher als Einzelgänger bekannt sind, halten sich die Weibchen mit den Jungtieren meist in Gruppen auf.

Abgesehen von der großen Breitflügelfledermaus kann man manchmal sehr kleine Fledermäuse in der Nähe von Bauern- oder anderen Wohnhäu-

Verschiedene Fledermaus-
arten sind schwer zu unterscheiden, wenn man nicht
ihre Stimme hört. Mit Hilfe
eines Detektors lässt sich der
Ultraschall in für uns Menschen hörbare Frequenzen
umwandeln.

Zwergfleder-
maus

Breitflügelfledermaus

Fledermäuse leben am liebsten in hohlen Bäumen.
Wenn es an solchen Wohnhöhlen mangelt, können
sie auch in Kirchen, Ruinen oder unseren Häusern ein Heim finden – die Breitflügelfledermaus hält sich oft in menschlichen Siedlungsräumen auf.

sern umherfliegen sehen, und diese können dann der ebenfalls relativ verbreiteten Art der Zwergfledermaus angehören. Sie lebt gern unter Dachziegeln, in Wänden und Nebengebäuden und kann Kolonien von bis zu
400 Tieren bilden. Die Zwergfledermaus wird 3,5 bis fünf Zentimeter lang
und hat eine Flügelspannweite von etwas über 20 Zentimeter.

Die Art, bei der die Chance, sie bei Tageslicht zu sehen, am größten ist,
ist der Große Abendsegler, der im Herbst nicht selten in losen Gruppen
Insekten jagt. Der Große Abendsegler ist, wie der Name andeutet, eine große Art mit einer Körperlänge von bis zu acht Zentimetern und einer Flügelspannweite von ungefähr 40 Zentimetern. Örtlich kann er Kolonien von
bis zu 100 Tieren bilden. Sein bevorzugter Wohnort sind hohle alte Bäume.
Er unternimmt auch regelrechte Wanderungen zwischen dem europäischen
Festland und Skandinavien, genau wie die Zugvögel.

Kohlmeise *Parus major*

* Länge: ca. 15 cm
* die größte und am weitesten verbreitete Meisenart Europas
* Nistkastenbrüder

Die Kohlmeise gehört zu den allerhäufigsten Vogelgästen im Garten. Man geht davon aus, dass in unserem Land 4,6 bis 5,7 Millionen Paare brüten. Ein erheblicher Teil von ihnen brütet in Nistkästen, die wir Menschen für sie bereitgestellt haben, aber die Kohlmeise ist auch ein Meister darin, auf andere Weise Wohnhöhlen zu finden. Nicht selten bewohnt sie Rohröffnungen, Hohlräume von Hauswänden oder senkrechte Rohre, die ihr als Ersatz für natürliche Wohnhöhlen in Bäumen dienen.

Die Kohlmeise ist einer der treuesten Wintergäste an unseren Futterhäuschen, da sie wie mehrere andere Meisen in unseren Breiten ein Standvogel ist und gern das annimmt, was wir ihr anbieten. Talg gehört zu ihren Lieblingsgerichten, denn sie lebt hauptsächlich von tierischer Nahrung. Samen frisst sie eigentlich nur dann, wenn diese fettreich genug sind oder wenn sie sehr hungrig ist.

Als Insektenfresser macht sie sich auch in unserer Nähe sehr nützlich und kann wie ihre Verwandte, die Blaumeise, in vielen Fällen dazu beitragen, Schadinsekten in Schach zu halten, vor allem während des Brütens, da zur Aufzucht der Jungvögel enorme Mengen an Futter benötigt werden.

Die Kohlmeise brütet gern in Nistkästen. Manchmal können zwischen Kohlmeisen und Trauerschnäppern Streitigkeiten um diese ausbrechen. Deshalb ist es gut, wenn es mehrere Nistkästen im Garten gibt, unter denen sie wählen können.

Das Männchen hat ein breiteres schwarzes
Band über Brust und Bauch als das Weibchen.

Man unterscheidet die Kohlmeise am leichtesten durch ihre markanten weißen Wangen in
dem schwarzen Kopf von der Blaumeise.

Hinzu kommt, dass die Kohlmeise es manchmal schafft, zweimal pro Saison zu brüten. Deshalb kann man die Nützlichkeit eines brütenden
Kohlmeisenpaars für den Garten kaum überschätzen!

Vom Aussehen her erkennt man die Kohlmeise vor allem an ihrer
gelben Brust, über die ein schwarzes Band hin zur Unterseite des Vogels
verläuft. Dieses Band ist bei Männchen breiter und ausgeprägter als bei
Weibchen. Außerdem sind die weißen, schwarz eingerahmten Wangen und
die grünblaue Oberseite unverkennbar – auch wenn die Blaumeise auf der
Rückenseite ähnliche Farben trägt.

Wie bereits erwähnt ist die Kohlmeise ein Standvogel. In manchen
Jahren unternimmt sie jedoch Wanderungen, die oft den Charakter von
Streifzügen haben. Dies gilt besonders für Populationen aus dem Norden
oder Osten, die es im Winter in wärmere Gebiete zieht.

Blaumeise Parus caeruleus

* Länge: ca. 12 cm
* eine lebhafte kleine Meise
* fühlt sich in Nistkästen wohl

Die Blaumeise ist eine unserer kleinsten Meisenarten und am einfachsten an ihrem blaugelben Gefieder zu erkennen. Sie ist ein munterer kleiner Vogel, der bei seiner Jagd auf Essbares selten längere Pausen zum Stillsitzen einlegt. Im Sommer ist sie nicht so präsent wie die Kohlmeise, aber zur Winterzeit kann sie in manchen Jahren am Futterhäuschen zahlreicher zu finden sein als ihre größere Kusine.

Die Blaumeise brütet in Nistkästen, benötigt aber weniger große Wohnhöhlen als beispielsweise die Kohlmeise. Dementsprechend braucht auch der Nistkasten selbst nicht besonders geräumig zu sein, und sollte die Blaumeise keine natürliche Wohnhöhle finden, so besitzt sie die einzigartige Fähigkeit, zum Brüten geeignete Schlupfwinkel und Risse, zum Beispiel in Gebäuden, zu finden.

Da sie so klein ist, kann die Blaumeise in das allerfeinste Astwerk des Baums klettern, wo sie nach Insekten, kleinen Spinnen oder Raupen sucht. Zu ihrer Lieblingsbeute zählen Blattläuse, und wie viele andere Vögel hilft auch sie uns Menschen dabei, das ökologische Gleichgewicht im Garten aufrechtzuerhalten, indem sie eine Menge Insekten und Würmer von unseren Pflanzen abpflückt. Da sie ihre Jungen mit Insekten füttert, ist die Zeit der Aufzucht für die Blaumeisen eine hektische Zeit, und oft sieht man beide Elternteile zwischen der Wohnhöhle und der Umgebung hin- und herpendeln. Während dieser Zeit sucht die Blaumeise oft etwas größere Beute für ihre Jungen, und vor allem die Raupen kleiner Schmetterlinge (zum Beispiel Spannerraupen) stehen weit oben auf ihrer Wunschliste.

Weibchen und Männchen sind nur schwer an ihrem Gefieder zu unterscheiden, aber das Männchen ist allgemein betrachtet markanter gezeichnet, mit einem breiteren Halsband und einem leuchtenderen Blau am Scheitel. Außerdem ist es oft etwas schwerer als das Weibchen, aber dies lässt sich in der Praxis kaum ausmachen. Da die Blaumeise in der Regel sehr große Gelege hat, nicht selten zehn bis zwölf Eier, kommt es relativ selten vor, dass sie ein zweites Mal brütet.

Die Blaumeise ist nicht ganz so zahlreich wie die Kohlmeise, und man geht davon aus, dass in unserem Land etwa 2,8 Millionen Paare brüten. Dagegen neigt sie mehr als diese dazu, auf Wanderschaft zu gehen, wobei sich einer Studie in Braunschweig zufolge etwa 90 Prozent aller Blaumeisen nicht weiter als drei Kilometer von ihrem Geburtsort entfernt ansiedeln.

Die Blaumeise ist ein Meister darin, auf der Jagd nach Futter dünne Zweige entlang- oder größere Pflanzen emporzuklettern. Man erkennt sie an ihrem blauen Scheitel, der gelben Unterseite und den blauen Federn an Flügeln und Schwanz.

Blaumeisen sehen einander in einem ganz anderen Licht, als wir Menschen es tun, weil sie Farben anders wahrnehmen. Im ultravioletten Bereich weist die Blaumeise deutliche Farbunterschiede zwischen den Geschlechtern auf.

Sumpfmeise Parus palustris

* Länge: ca. 11–12 cm
* genauso groß wie die Blaumeise
* furchtlos und lebhaft

Von den Meisen, die regelmäßig unsere Gärten zu besuchen pflegen, gehört die Sumpfmeise zu den häufigsten. Man sieht sie zwar selten in so großer Zahl wie Blaumeisen oder Kohlmeisen und nicht mit gleicher Regelmäßigkeit (es gibt in Deutschland auch weniger von ihnen), aber wenn die Umgebungsbedingungen günstig sind, gehört sie zu charakteristischen Arten. Die Sumpfmeise unterscheidet sich am deutlichsten dadurch von ihren Verwandten, dass ihr Gefieder vollkommen frei von Gelb-, Blau- und Grüntönen ist. Stattdessen besteht es aus verschiedenen Brauntönen, und über ihren weißlichen Wangen trägt sie eine schwarze Kappe. Außerdem hat sie ein kleines schwarzes Lätzchen, und wenn man unsicher ist, wie man die Mönchsgrasmücke (siehe Seite 39) und die Sumpfmeise auseinanderhalten soll, stellt dieses Lätzchen ein Unterscheidungsmerkmal dar. Im Übrigen ist die Mönchsgrasmücke ein deutlich schlankerer Vogel mit längerem und kegelförmigerem Körper als die rundliche kleine Sumpfmeise.

Die größte Verwechselungsgefahr besteht mit der Weidenmeise, die in Gebieten mit größerem Nadelbaumbestand vorkommt. Ihr Rücken ist jedoch von einem blasseren Grau, und sie hat helle Felder auf den Flügeln, ein größeres schwarzes Lätzchen und einen breiteren Nacken als die Sumpfmeise. Aber die Arten sind einander sehr ähnlich und nicht leicht zu unter-

Weidenmeise

Sumpfmeise

Man unterscheidet die Weidenmeise am einfachsten durch ihr breiteres Nackenprofil, das größere Lätzchen, die grauere Oberseite sowie helle Flügelfelder von der Sumpfmeise.

Die Sumpfmeise hat eine schwarze Kappe, weiße Wangen und bräunliches Gefieder. Beide Geschlechter sehen gleich aus.

Am wohlsten fühlt sie sich in eingewachsenen alten Gärten und anderen dicht belaubten Umgebungen mit vielen Laubbäumen.

scheiden. Wie viele andere Meisen ist die Sumpfmeise ein Höhlenbrüter, der gern Nistkästen nutzt. Ihr Gelege besteht im Durchschnitt aus sieben bis zehn Eiern, die das Weibchen in circa 14 Tagen ausbrütet. Während der Brutzeit ernähren sich die Sumpfmeisen überwiegend von Insekten und Würmern, womit sie auch ihre Jungen aufziehen. Im Winter fressen sie gern Samen unterschiedlicher Pflanzenarten, und am Futterhäuschen kann man oft einzelne Sumpfmeisen dabei beobachten, wie sie sich einen Samen herauspicken und dann mit diesem verschwinden. Das liegt daran, dass sie die Samen in Rindenspalten und anderen Verstecken hamstern.

Anders als ihr Name vermuten lässt, ist der bevorzugte Lebensraum der Sumpfmeise der Laubwald. Sie kann örtlich aber auch in eingewachsenen Parks, Gärten und anderen dicht belaubten Biotopen verbreitet sein. Im Unterschied zur Weidenmeise fühlt sie sich in überwiegend aus Nadelbäumen bestehenden Wäldern nicht wohl.

Kleiber Sitta europaea

* Länge: ca. 14 cm
* kann mit dem Kopf nach unten klettern
* besucht gern Futterhäuschen

Der Umstand, dass manche den Kleiber als „Baumläufer" bezeichnen, ist nicht verwunderlich. Wie nur wenige andere Vögel besitzt er die Fähigkeit, sich mit Hilfe seiner kräftigen Krallen und Füße an Baumstämmen auf- und abzubewegen. Doch der „echte" Baumläufer ist ein ganz anderer Vogel, mit braungesprenkeltem Rücken und hellem Bauch, dem die Eigenheit des Kleibers fehlt, kopfabwärts laufen zu können. Ein Vogel, der sich auf diese ungewöhnliche Weise fortbewegt und auf der Oberseite blaugrau ist, ist ganz einfach ein Kleiber.

Vor allem zur Winterzeit kann man nähere Bekanntschaft mit dem Kleiber schließen, da er sich gern am Futterhäuschen einstellt, um sich einen Sonnenblumenkern zu schnappen. Diesen entführt er dann auf einen hoch gelegenen Ast und bearbeitet die Schale eifrig mit seinem starken Schnabel oder versteckt den Kern in einer Rindenspalte, um ihn für schlechtere Tage aufzuheben. Der Kleiber ist nämlich ein Hamsterer, der bereits im Herbst einen Wintervorrat an Nüssen und Samen anzulegen pflegt.

Den Sommer verbringt er gern in dichten Laubwäldern, und insbesondere Eichenwälder ziehen zahlreiche Kleiber an. Das Nest wird in einer Höhle angelegt, vorzugsweise einer natürlichen in einem großen Laubbaum, und wenn das Einflugloch dem Geschmack des Kleibers nicht zusagt, mauert er es mit Lehm teilweise zu, um den Eingang an seine eigene Größe anzupassen. Während der Brutzeit bilden Insekten und Würmer die Hauptnahrung des Kleibers, und auch seine Jungen werden mit dieser Kost aufgezogen.

Von allen unseren Vogelarten ist der Kleiber einer der standorttreuesten. Alte Vögel verlassen die Grenzen ihres Reviers nur in Ausnahmefällen. Bei den Jungvögeln erfolgt eine gewisse Verbreitung, aber meist innerhalb örtlich sehr begrenzter Gebiete.

Männchen

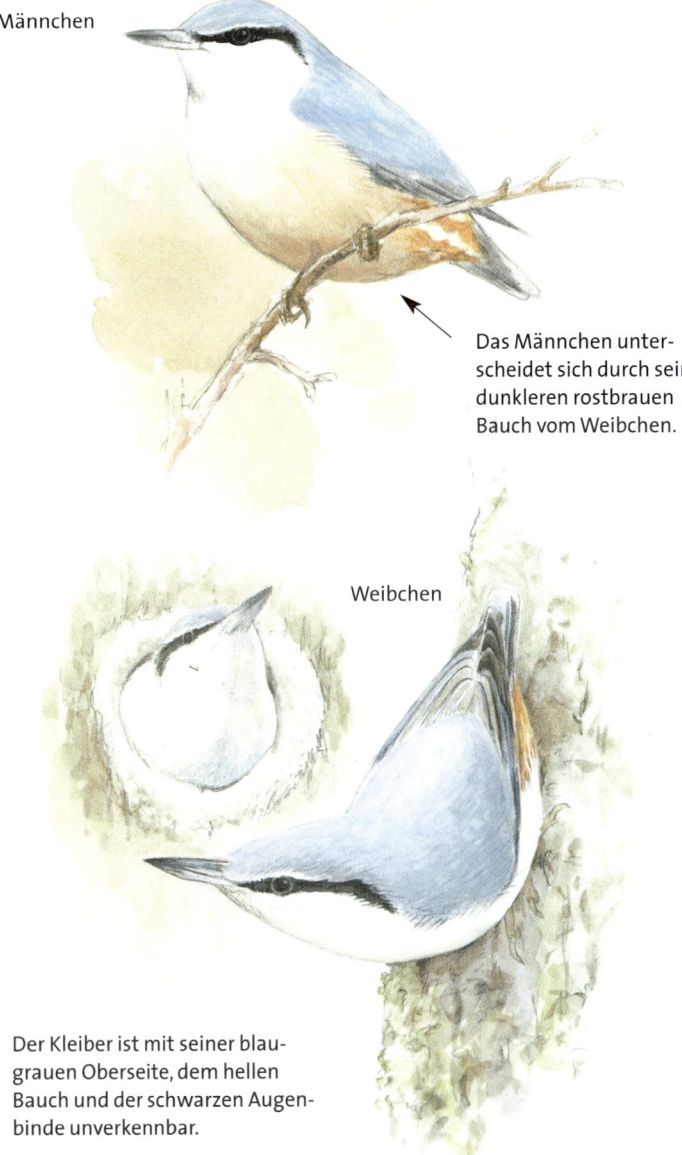

Das Männchen unterscheidet sich durch seinen dunkleren rostbraun Bauch vom Weibchen.

Weibchen

Der Kleiber ist mit seiner blaugrauen Oberseite, dem hellen Bauch und der schwarzen Augenbinde unverkennbar.

Beim Brüten können die Kleiber das Einflugloch der Wohnhöhle teilweise zumauern, um es an ihre eigene Größe anzupassen.

Der Kleiber ist der einzige unserer Vögel, der regelmäßig mit dem Kopf nach unten klettert!

Amsel Turdus merula

* Länge: 25 – 29 cm
* in Hausgärten verbreitet

Da sie sehr weit verbreitet ist und sich oft in der Nähe des Menschen aufhält, braucht man die Amsel kaum näher vorzustellen. Die Männchen mit ihrem gleichmäßig schwarzen Gefieder und gelben Schnabel lassen sich ohne Weiteres von den braun gefärbten Weibchen unterscheiden.

Man bemerkt die Amsel vor allem im Spätwinter und im Frühling, wenn die Männchen anfangen, ihre Reviere abzustecken. Ihr Gesang ist einer der allerersten Frühlingsboten des Jahres und ist sowohl in Wohngebieten als auch in Wald und Feld zu hören. Im Allgemeinen beginnt die Amsel etwa um den Monatswechsel von Februar zu März zu singen, aber örtliche Abweichungen sind üblich, und generell fangen Amseln in Städten früher an zu singen als Amseln auf dem Land.

Die Brutsaison wird in Mitteleuropa bereits Ende Februar oder Anfang März eingeleitet, und wenn sich die Vögel in ihrem Revier wohlfühlen und nicht gestört werden, können sie in einer Saison auch zwei- oder sogar dreimal brüten.

Das Nest wird aus Halmen und anderem weichem Material geflochten und gern in der Nähe von uns Menschen gebaut – nicht selten hinter Kletterpflanzen, auf Balkonen oder in einem Winkel eines Geräteschuppens.

Das Amselweibchen ist auf der Rückenseite gleichmäßig braun gefärbt und hat eine schwach geflammte Brust.

Im Frühling markiert das Amselmännchen mit seinem schönen Gesang das Revier. Im Wald macht es dies gern von einem Baumwipfel aus, in städtischen Umgebungen werden hierzu nicht selten Fernsehantennen oder Hausdächer genutzt.

Jungen Amselmännchen fehlen der gelbe Augenring und die gelbe Schnabelfärbung.

Nachdem das Weibchen zu brüten begonnen hat, dauert es in der Regel 14 Tage, bis die Eier ausgebrütet sind. In dieser Zeit verlässt das Weibchen nur selten das Nest. Während des Brütens und wenn die Jungen geschlüpft sind, sind die Amseln sehr verletzlich für Angriffe von Elstern und Katzen.

Die Angewohnheit der Amsel, über den Rasen zu hüpfen, den Kopf zur Seite zu neigen und zu lauschen, wo die Regenwürmer in der Erde auf dem Weg nach oben sind, ist den meisten wohlbekannt. Die Amsel ernährt sich überwiegend von Würmern, Schnecken, Insekten und Larven. Sie gehört jedoch zu den opportunistischeren Allesfressern und greift gern zu, wenn Früchte und Beeren im Angebot sind. Nicht zuletzt im Winter ist Fallobst eine wichtige Nahrungsquelle für diejenigen Vögel, die sich nicht in den Süden aufmachen.

Wacholderdrossel Turdus pilaris

* Länge: ca. 25 cm
* an den Brutplätzen laut und „schnatternd"

Im Unterschied zur Amsel ist die Wacholderdrossel eine gesellige Sing-vogelart, die gern in Kolonien lebt. Wenn sie das richtige Brutbiotop fin-det, das vorzugsweise aus jungem Laubwald besteht, können ihre Nester dicht beieinander liegen, und oft sieht man dann die erwachsenen Vögel auf den Grasflächen der Gegend Würmer sammeln. Die Wacholderdros-sel ist oft in Gärten und Parks anzutreffen und ein häufiger Gast an unse-ren Futterhäuschen.

Bei uns ist die Wacholderdrossel überwiegend ein Standvogel, der im Winter nur bei extremer Kälte in Richtung Westen oder Südwesten zieht. Wacholderdrosseln aus nördlicheren Gebieten ziehen nicht selten nach Süddeutschland, um dort zu überwintern. Übrigens sind sie dann oft in enormen Schwärmen unterwegs.

Wenn man Wacholderdrosseln im Flug sieht, kann man bemerken, dass ihre „Achselhöhlen" weiß sind – diese Eigenschaft teilen sie nur mit der selteneren Misteldrossel, während die etwas kleinere Singdrossel gelb-liche und die Rotdrossel rote hat. Hin und wieder kommt es vor, dass sich Misteldrosseln im Winter unter die Wacholderdrosselschwärme mischen, aber nie in größeren Mengen.

Die Brutzeit der Wacholderdrosseln beginnt im März oder April. Da sie gern in Kolonien brüten, sind sie gut vor Feinden geschützt. Falls sich ein ungebetener Gast zu den Wacholderdrosseln gesellen sollte, zögern diese nicht lange, den Störenfried anzugreifen. Wenn das massive Schnat-tern der vielen Koloniebewohner nicht ausreicht, können sich die Wacholderdrosseln auch wehren, indem den ungebetenen Gast im Sturz-flug mit Kot bespritzen. Das kann auch uns Menschen passieren!

Da die Wacholderdrosseln ihre Brutplätze so aggressiv verteidigen und es ihnen regelmäßig gelingt, zweimal zu brüten, gehören sie zu den erfolgreicheren Vogelarten. Sie dehnte ihr Verbreitungsgebiet in den letz-ten 150 bis 200 Jahren von Osten erheblich nach Westen aus, wobei sie einige Regionen in Nord- und Westdeutschland sogar erst in 1950er-Jahren zu besiedeln begann. Heute geht man von 340 000 bis 430 000 in unserem Land brütenden Paaren aus.

Oft sieht man Wacholderdrosseln in größeren Schwärmen, und im Flug kann man sie an den weißen Flügelunterseiten, dem langen Schwanz und dem bunten Federkleid erkennen.

Die Wacholderdrossel hat die gleiche Größe wie die Amsel, unterscheidet sich von dieser aber durch ihr buntes Gefieder. Im Winter ist sie ein häufiger Besucher in unseren Gärten und weiß es sehr zu schätzen, wenn man für sie etwas Fallobst auf der Erde liegen lässt.

Star Sturnus vulgaris

* Länge: ca. 22 cm
* verbreitet bis spärlich vorkommend in bebauten Gegenden
* Nistkastenbrüter

Der Star ähnelt äußerlich der Amsel, unterscheidet sich von dieser aber vor allem dadurch, dass er metallisch glänzende Farben, einen kürzeren Schwanz und ein aufrechteres Profil hat. Anders als die Amsel bewegt er sich nicht hüpfend fort, sondern setzt einen Fuß vor den anderen. Außerdem verlässt ein Großteil dieser teilziehenden Vogelart das Land, um in Westeuropa zu überwintern – allerdings lassen sich in den letzten Jahren in Deutschland immer mehr daheimgebliebene Stare beobachten, zu denen sich auch einige Wintergäste aus nördlicheren Gebieten gesellen. Ab Ende Februar kehrt der Star als einer der ersten Zugvögel zurück und gibt uns mit seinem Gesang einen Vorgeschmack auf den Frühling. Seine Lautäußerungen ähneln stimmungsmäßig denen der Amsel, aber der Star imitiert auch andere Arten, und sein Gesang ist schnatternder.

Wie die Wacholderdrossel brüten Stare gern in lockeren Kolonien, und die Vögel in einem Gebiet können die Eiablage synchronisieren, um das Risiko zu verringern, dass die Jungen, wenn sie das Nest verlassen, einem Fressfreind zum Opfer fallen. Sie folgen dabei dem Prinzip „zu mehreren ist man sicherer". Im Allgemeinen sitzen vier bis sechs Junge in einem Nest, und wenn sie es verlassen, machen sie sich rasch in andere Gegenden mit gutem Nahrungsangebot auf. In der Regel geschieht dies in den Herbstmonaten, und von dieser Zeit an sammeln sich die Stare in immer größeren Schwärmen, die vorzugsweise in Schilfgebieten übernachten, bevor sie sich gemeinsam auf den Weg nach Süden machen.

Ausgewachsene Stare haben eine schöne Zeichnung mit metallisch glänzenden Farben.

Die Jungvögel sind anfangs beigebraun, bilden im Laufe des Sommers aber allmählich immer mehr dunkle Federn aus.

Mönchsgrasmücke Sylvia atricapilla

* Länge: ca. 14 cm
* oft in dicht belaubten, hochstämmigen Umgebungen verbreitet
* klarer und schöner Gesang
* häufigste Grasmückenart in Mitteleuropa

Die Mönchsgrasmücke ist in den meisten Umgebungen mit hohen Laubbäumen, wie Parks, alten Gärten sowie Laub- und Mischwäldern, eine charakteristische Art. Sie hält sich am liebsten weit oben in den Baumkronen auf, und meist bemerkt man sie an ihrem klaren und lauten Gesang, der schöne Flötentöne enthält. Ihr Nest baut sie auf niedriger Höhe in Sträuchern. Die Brutzeit beträgt circa 14 Tage, und es dauert ungefähr ebenso lange, bis die Jungen flügge sind. Die etwa zwei Millionen Paare brüten in unserem Land vor allem von Ende Mai bis Anfang Juni.

Je nach Brutgebiet legen die Mönchsgrasmücken zum Teil erhebliche Strecken zurück, um in ihre Winterquartiere zu gelangen, die von Süd- und Westeuropa bis nach Südafrika reichen. Aus Süddeutschland steuert ein Teil dieser Vogelart auch Großbritannien an – dies nicht zuletzt, da sie dort zahlreiche Futterhäuschen vorfinden.

Der Name der Mönchsgrasmücke kommt von der schwarzen Kappe, die das Männchen auf dem Kopf trägt, ...

Die Mönchsgrasmücke tut sich gern an Holunderbeeren gütlich, bevor sie, oft in Gesellschaft von Rotkehlchen und Gartenrotschwänzen, auf Wanderschaft geht.

... während Weibchen und Jungvögel eine braune Kappe haben.

Seidenschwanz Bombycilla garrulus

* Länge: ca. 18 cm
* relativ regelmäßiger Wintergast aus der Taiga
* besucht gern Beerensträucher, Obstbäume und Futterhäuschen

Der aus dem hohen Norden stammende Seidenschwanz ist eigentlich kein Gartenvogel, außer wenn er als Wintergast auftaucht, um Fallobst, Beeren oder im Futterhäuschen angebotenes Futter zu fressen. Die Brutplätze liegen oft weit entfernt von menschlicher Bebauung, als Teilzieher ist er jedoch den meisten bekannt, und da er im Auftreten nicht scheu ist, kann er uns Menschen sehr nahe kommen. Pflanzungen und Parks mit Ebereschen (Vogelbeeren sind ihre Leibspeise) verlocken viele Seidenschwänze dazu, so lange in den nördlichen Gebieten zu bleiben, bis die letzten Beeren verzehrt sind. Danach machen sich die Schwärme nach und nach in den Süden auf, um auf ihre umherziehende Weise neue Gegenden zu finden, in denen es noch Beeren gibt.

Im Flug lassen sich Seidenschwänze leicht mit Staren verwechseln, weil beide Arten ungefähr gleich groß sind und eine ähnliche Flugsilhouette haben, aber die Seidenschwänze kann man leicht an ihrem silberhellen Zwitschern erkennen.

Männchen und Weibchen lassen sich an ihren Lätzchen unterscheiden: Das des Männchens hat schärfere Konturen, während das des Weibchens am unteren Rand einen unschärferen Übergang hat. Außerdem hat das Weibchen kürzere rote Spitzen an den hinteren Rändern der Armschwingen, oder sie fehlen bei ihm ganz.

Männchen   Weibchen

Das Gefieder des
Seidenschwanzes
ist voller schöner
Details in Gelb-
und Rottönen.

Buntspecht Dendrocopos major

* Länge: ca. 23 cm
* der häufigste Specht in unserem Land
* besucht gern Futterhäuschen
* Vogel des Jahres 1997 in Deutschland

Von den Spechten, die den Garten besuchen, ist der Buntspecht der häufigste. Die Gesamtpopulation im Land ist etwa 30-mal so groß wie die des Kleinspechts. Der Buntspecht kommt in den meisten Umgebungen vor, von reinen Nadelwäldern bis hin zu Parks und Gärten. Außerdem ist er sehr erfolgreich darin, sich auch in recht kleinen Waldumgebungen anzusiedeln. Der Buntspecht brütet im April und Mai und zimmert seine Bruthöhlen am liebsten in Laubbäumen. Das Gelege besteht in der Regel aus fünf bis sieben Eiern, die von beiden Geschlechtern in circa 14 Tagen ausgebrütet werden. Nach dem Schlüpfen bleiben die Buntspechtjungen etwa drei Wochen lang im Nest, bevor sie flugbereit sind. In dieser Zeit kann man ihre Nester oft leicht lokalisieren, da die Jungvögel immer lauter werden und ungezogenerweise verraten, wo sich die Nesthöhle befindet.

Mitteleuropäische Buntspechte bleiben den Winter über im Land und besuchen die Talgknödel der Futterhäuschen. In besonders erfolgreichen Brutjahren, wenn im Land viele Jungvögel aufgezogen wurden, können sich aus Nord- und Osteuropa stammende Artgenossen auf invasionsartige Wanderungen in Richtung Süden begeben. Doch in der Regel ist der Buntspecht ein sehr ortstreuer Vogel, der sich das ganze Jahr über im selben Gebiet bewegt.

Mit seinem schwarzweißen Gefieder ist der Buntspecht unverkennbar. Im Unterschied zum Kleinspecht verlaufen bei ihm zwei weiße Felder den Rücken entlang. Außerdem ist der Kleinspecht bedeutend seltener und besucht weniger oft Gärten und Futterhäuschen als der Buntspecht.

Klein-
specht

Bunt-
specht

Manchmal kann man den Buntspecht dabei beobachten, wie er die Öffnung von Nistkästen aufhackt, um an die Jungen oder Eier anderer Vögel zu kommen. Seine Nahrung besteht jedoch hauptsächlich aus Insekten und deren Larven sowie im Winter aus den in Tannenzapfen enthalten Samen.

Elster Pica pica

* Länge: ca. 45 cm (einschließlich Schwanz)
* sehr verbreitet in bebauten Gebieten
* kommt in ganz Europa vor

Die Elster ist vielleicht derjenige Rabenvogel, dem es am besten gelingt, von uns Menschen zu profitieren – vor allem, weil wir ihr durch unsere Lebensweise eine Menge leicht zugänglicher Nahrung anbieten. In Städten und Siedlungen leben viele Elstern fast ausschließlich von unterschiedlichen Formen von Abfall, während sie auf dem Land aktivere Jäger sind. Insbesondere während der Brutzeit sind sie gefährliche Räuber, die die Eier und Nestlinge anderer Vögel erbeuten. Im Winter begnügen sie sich oft mit Aas oder Früchten und Beeren.

Das Nest der Elster ist eine sehr stabile Konstruktion, die das Paar gemeinsam baut. Im Durchschnitt braucht ein Elsternpaar 40 Tage, um ein großes Nest fertigzustellen, aber manchmal kann der Nestbau auch schneller gehen. Oft werden in einem Revier mehrere Nester gebaut, wahrscheinlich, um Fressfeinde zu täuschen, und manchmal kann es schwer zu entscheiden sein, welches das bewohnte Nest ist. Den Kern des Nestes bildet eine dicht geflochtene Nistmulde, die oft mit Lehm und Erde verstärkt ist. Außerdem haben Elsternnester einen Außenbau aus Zweigen, sodass sie sehr stabil und langlebig sind.

Das Gelege besteht in der Regel aus fünf bis zehn Eiern, je nach verfügbarer Nahrungsmenge im Revier, und nach circa 20 Tagen schlüpfen die Jungen. Danach dauert es weitere drei bis vier Wochen, bevor sie das Nest verlassen. Die Jungen sind oft verschieden groß, da das Elsternweibchen in der Regel bereits mit dem

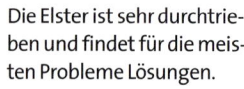

Die Elster ist sehr durchtrieben und findet für die meisten Probleme Lösungen.

Der Elsternbestand ist seit Ende der 1980er-Jahre ziemlich konstant, aber da viele Elstern größere Nähe zu uns Menschen gesucht haben, kann oft der Eindruck entstehen, dass ihre Anzahl zugenommen habe.

Brüten beginnt, bevor das letzte Ei gelegt ist, und es einige Tage dauern kann, bis das Gelege vollständig ist. Die Jungen pflegen dann intensiv zu betteln, während die Eltern mit Nahrung hin- und herpendeln.

Es wird angenommen, dass die deutsche Elsternpopulation an die 300 000 Paare beträgt, und nur sehr wenige Elstern verlassen den Winter über das Land. Elstern im selben Gebiet tun sich im Winter gern zusammen und bilden umherstreifende Schwärme.

Dohle Corvus monedula

* Länge: ca. 33 cm
* lebhaft und furchtlos
* brütet gern in Schornsteinen

Wie die Elster nistet die Dohle gern in unserer Nähe. Durch ihre Vorliebe
für Schornsteine ist sie oft ein treuer Gast in Nebengebäuden oder unge-
nutzten Schornsteinrohren, aber sie kann sich auch anderer Höhlungen in
Gebäuden oder größerer Nistkästen bedienen. In freier Natur ist sie eigentlich ein Höhlenbrüter, aber da es immer weniger alte Höhlenbäume gibt,
muss sie auf von Menschen geschaffene Wohnumgebungen zurückgreifen.
Während der Brutzeit nistet die Dohle oft in lockeren Kolonien, und sie ist
generell ein sehr geselliger Vogel. Im Winter sammeln sich die Dohlen oft
zu größeren Schwärmen, die nicht selten mit Saat- und Aaskrähen sowie
einzelnen Elstern gemischt sind. Sie werden anderen Vögeln nicht so
gefährlich wie Elstern, sondern begnügen sich oft mit Insekten und anderem Gewürm, und insbesondere im Winter ernähren sie sich von Pflanzen
und Aas.

Am einfachsten lässt sich die Dohle von den anderen dunklen Raben-
vögeln (Saatkrähe, Aaskrähe, Kolkrabe) durch ihre geringe Größe, ihre hell-
grauen Augen und den grauen Nacken und seitlichen Hals unterscheiden.
Man glaubt, dass der deutsche Bestand bei ungefähr 100 000 Paaren liegt,
der in vielen europäischen Ländern jedoch rückläufig ist, da der natürliche
Lebensraum der Vögel schwindet. Nistkästen sind bereits eine große Hilfe
für die Dohle, die 2012 in Deutschland zum Vogel des Jahres gewählt wurde, um ihre Situation noch klarer ins Bewusstsein zu bringen.

Die Dohle ist ein kleiner, dunkler und lebhafter Rabenvogel, der sich viel flinker als seine größeren Verwandten durch die Lüfte bewegt.

Sie nistet gern in Schornsteinen und lässt dann eine Menge Hölzchen herunterfallen, die dem Hauseigentümer Probleme bereiten können. Oft bezieht sie ein ungenutztes Rohr, auch wenn der übrige Schornstein ansonsten in Gebrauch ist!

Goldammer Emberiza citrinella

* Länge: ca. 17 cm
* regelmäßiger Gast am Futterhäuschen
* in Kulturlandschaften und Waldungen recht verbreitet
* Vogel des Jahres 1999 in Deutschland

Die Goldammer ist eigentlich einer der häufigsten Kleinvögel in der Kulturlandschaft, aber man bemerkt sie vor allem im Winter als Gartengast. Besonders gern taucht sie auf, wenn man im Futterhäuschen Getreide anbietet. Sie sitzt vorzugsweise auf der Erde, wo sie das aufpickt, was die anderen Arten herunterscharren. Oft tauchen die Goldammern als Gruppe undefinierbarer gesprenkelter Vögel auf, in der sich eigentlich nur die Männchen durch ihre gelben Köpfe abheben.

Da durch die Landwirtschaft viele für die Goldammern wichtige Lebensräume, wie Gehölze, Randzonen und Hecken, verloren gehen, lassen sie sich immer häufiger in Waldgebieten nieder. Insbesondere Kahlschläge und breite Stromleitungsschneisen sind beliebt, aber auch kleinere Gehege und Lichtungen im Wald reichen ihr aus, um sich wohlzufühlen.

Bereits mitten im Winter beginnt das Goldammermännchen, sein Prachtkleid mit dem leuchtend gelben Kopf auszubilden. Vom Spätwinter an singt es, vorzugsweise von einem hohen Platz aus, fleißig bis weit in den Frühling hinein.

Goldammerweibchen und
Jungvögel sind in braunen,
rostroten und blassgelben
Tönen gesprenkelt.

Charakteristisch für diese Art
ist der rostbraune Bürzel, der
sie von anderen Sperlings-
vögeln am Futterhäuschen
unterscheidet.

Grünfink Carduelis chloris

* Länge: 15 cm
* häufiger Gast am Futterhäuschen
* verbreitet in Städten und Gärten

Weibchen

Männchen

Das Gefieder des Männchens ist intensiver grün als das des Weibchens und der Jungvögel, gemeinsam sind ihnen hingegen die gelben Zeichnungen an Flügeln und Schwanz.

Der Grünfink ist ein mittelgroßer Vogel, der sich vor allem durch seinen kräftigen Schnabel auszeichnet. Nur das Männchen ist richtig grün, während die Färbung von Weibchen und Jungvögeln mehr ins Grau geht. Beide Geschlechter haben jedoch breite gelbe Felder an den Flügeln sowie am Schwanz und einen hellgrünen Bürzel. Die größte Verwechselungsgefahr besteht mit dem kleineren Erlenzeisig (siehe Seite 52), dessen Gefieder aber deutlich gesprenkelter ist.

Der Grünfink brütet am liebsten in Lebensräumen mit viel Gebüsch und wechselnden offenen Flächen und Gehölzen. In Villenvierteln und Parks kann er sehr verbreitet sein, und auch in größeren Städten findet er sich gut zurecht. Er ist ein produktiver Vogel, der es oft auf zwei, manchmal sogar drei Gelege im Jahr bringt. Sein Nest baut er gern in dichtem Gebüsch oder in schützenden Thujen und Wacholdersträuchern.

Grünfinken in unseren Breiten sind Standvögel, das heißt, sie überwintern im Land und ernähren sich im Winter von Beeren und Früchten. Häufig kommen sie auch zu unseren Futterhäuschen.

Kernbeißer Coccothraustes coccothraustes

* Länge: ca. 18 cm
* im Winter ein treuer Gast am Futterhäuschen
* groß mit bunten Farben

Der Kernbeißer ist ein prächtiger Fink, der es trotz seiner Größe meisterlich versteht, sich im Hintergrund zu halten. Er nistet vorwiegend in laubreichen Lebensräumen, vorzugsweise, wenn es dort viele Kirschbäumen gibt, und kann in größeren Parks und Hausgärten vorkommen. Sein Nest baut er hoch oben in einer Astgabelung eines Laubbaums, und deshalb ist es nur sehr schwer zu entdecken. Das ganze Jahr über ernährt er sich von Beeren- und Obstkernen – als einer von wenigen Vögeln ist er in der Lage, Kirschkerne zu knacken –, frisst im Winter aber auch Bucheckern und Hainbuchensamen. Anders als seine Artgenossen aus Nord- und Osteuropa ist der mitteleuropäische Kernbeißer ein Standvogel, der im Winter im Land bleibt und sich über etwas Essbares in unseren Futterhäuschen und Gärten freut.

Der Kernbeißer ist schön in warmem Orange und Kastanienbraun gezeichnet und hat einen violetten Farbton auf den Flügeln. Im Flug sieht man, dass er einen auffallend kurzen Schwanz und einen kräftigen Kopf hat.

Wenn der Kernbeißer Futterhäuser besucht, kann man deutlich sehen, wie groß er verglichen mit anderen Vögeln ist. Insbesondere der Schnabel ist sehr imposant, und oft nehmen andere Finken und Sperlinge schnell Reißaus, sobald er auftaucht!

Erlenzeisig Carduelis spinus

* Länge: 12 cm
* ein kleiner gestreifter Finkenvogel
* besucht zeitweise Futterhäuschen

Der Erlenzeisig ist einer der kleinsten Finken in unserem Land. Oft tritt er in Schwärmen auf, und insbesondere findet man ihn in erlenreichen Lebensräumen. Der spitze kleine Schnabel ist nämlich gut angepasst, um in Zapfen nach Samen zu suchen. Im Winterhalbjahr ist der Erlenzeisig außerdem kein ungewöhnlicher Gast am Futterhäuschen, wo er vorwiegend kleinere und fettreiche Samen, wie zum Beispiel Hanfsamen, wählt.

Der Erlenzeisig brütet in großen Nadelwäldern, vorzugsweise in Fichtenwäldern, und sucht im Herbst und Winter oft die Nähe menschlicher Bebauung. Sein Nest baut er hoch oben in einer Fichte, und bei gutem Nahrungsangebot kann er in einer Saison zweimal brüten.

Mittel-, süd- sowie westeuropäische Erlenzeisige sind in der Regel Standvögel, die nicht auf Wanderung gehen. Nördlichere Populationen hingegen ziehen im Herbst in wärmere Gebiete und legen zum Teil erhebliche Strecken zurück: So hat man etwa einen beringten schwedischen Erlenzeisig im Iran wiedergefunden.

Weibchen und Jungvögel sind intensiver graugrün gefärbt als die Männchen, haben aber dieselben gelben Flügelzeichnungen.

Männchen

Weibchen

Das Männchen ist ausgeprägter gefärbt und hat einen dunklen Scheitel und leuchtend gelbe Zeichnungen.

Der seltenere Birkenzeisig hat dieselbe Größe wie der Erlenzeisig, aber gelbe und grüne Farbtöne fehlen bei ihm ganz. Er ist graugesprenkelt und hat einen rosafarbenen Fleck auf der Stirn.

Stieglitz Carduelis carduelis

* Länge: ca. 14 cm
* ein sehr bunter Fink, den man oft paarweise oder in kleinen Gruppen sehen kann
* spärlicher Gast in Park und Garten

Der Stieglitz ist einer der aufsehenerregendsten Finken in unserem Land, und seine Farben lassen den Betrachter an einen Vogel aus exotischen Gegenden denken. Er ist nicht besonders verbreitet und gehört auch dort, wo er in größeren Beständen brütet, nicht zu den alltäglichen Vögeln. Örtlich kann man aber trotzdem Stieglitze im Garten oder zumindest am Rand von Wohnvierteln mit Gärten antreffen. Dies geschieht vor allem im Winter, wo er sich auf der Suche nach Fruchtständen von Disteln und Kletten, für die er eine besondere Vorliebe hat, zu kleineren Schwärmen sammelt. Verschiedene Formen von unbewachsenen oder zur Bewirtschaftung ungeeigneten Flächen, zum Beispiel vegetationsarme Ruderalflächen ziehen deshalb oft Stieglitze an, und wenn man vorausschauend ist, lässt man im Garten einige große Disteln oder Kletten als Winterfutter für sie stehen. Wo ein gutes Angebot an solchen Winterfruchtständen vorhanden ist, können die Stieglitze länger bleiben, während sie die Fruchtstände systematisch nach Nahrung durchsuchen.

Zum Brüten bevorzugen sie laubreiche Umgebungen, in denen es Gehölze, Streuobstwiesen oder offene unkrautreiche Flächen gibt. Stieglitze

Im Flug macht der Stieglitz einen farbenfrohen Eindruck, mit kräftiggelben Flügelfeldern und einem leuchtendweißen Bürzel.

Der Stieglitz ist mit seinem bunten Gefieder unverkennbar. Männchen und Weibchen sehen gleich aus, aber die Jungvögel weisen im Sommer nicht die schönen Kopfzeichnungen der erwachsenen Vögel auf und sind eher braun mit weniger scharf konturierten dunkleren Streifen.

Man sieht den Stieglitz, der auch Distelfink genannt wird, oft dabei, wie er sich an Blüten- oder Fruchtständen von Disteln festklammert.

brüten nicht selten in locker zusammenhängenden Kolonien, die aus mehreren Paaren bestehen. Sie können auch in größeren Gärten, Parks und variationsreichen Stadtumgebungen nisten, wenn es dort genügend Sträucher und Grasflächen gibt.

Das Nest wird oft hoch oben in einem Laubbaum platziert, und für Nestbau und Brüten ist vor allem das Weibchen zuständig. Es verwendet große Sorgfalt auf den Nestbau und flicht die Nestmulde mit Hilfe feiner Halme, die es mit Spinnenfäden durchsetzt. Ein Gelege besteht in der Regel aus fünf bis sechs Eiern, und der Stieglitz schafft es oft, zweimal im Jahr zu brüten.

Im Herbst sammeln sich die Stieglitze zu Familiengruppen oder größeren Schwärmen, die aus mehreren Familiengruppen bestehen, um gemeinsam auf Nahrungssuche zu gehen. Zum Teil schließen sich auch verschiedene verwandte Vogelarten zusammen.

Haussperling (Spatz)
Passer domesticus

* Länge: ca. 15 cm
* fühlt sich in den meisten Umgebungen in unserer Nähe wohl
* geht im ländlichen Raum sowie einigen Großstädten zahlenmäßig zurück

Der Haussperling oder Spatz ist ein Vogel, den wir oft als selbstverständlich betrachten. Nicht nur, weil er die unerreichte Fähigkeit hat, die ökologische Nische auszunutzen, die wir Menschen mit unseren Häusern, Gehöften, Parks und Stadtgebieten schaffen, sondern auch, weil er neben dem Buchfink zu den häufigsten Brutvogelarten Deutschlands gehört. Dennoch sind seit der zweiten Hälfte des 20. Jahrhunderts deutliche Bestandsrückgänge zu verzeichnen, sodass der Haussperling, der 2002 zum Vogel des Jahres in Deutschland und Österreich gekürt wurde, mittlerweile auf der Roten Liste der bedrohten Arten geführt wird.

Diese negative Entwicklung geht wahrscheinlich auf Veränderungen in der Tierhaltung zurück sowie darauf, dass Futter und Getreide immer mehr in geschlossenen Systemen gehandhabt werden. Der Haussperling ernährt sich nämlich hauptsächlich von Samen, die bis zu 75 Prozent aus angebautem Getreide bestehen können. Wenn dieses nicht mehr so leicht zugänglich ist, trifft das den traditionell starken Haussperlingsbestand auf dem Land schwer.

Das Haussperlingsmännchen hat deutlich abgesetzte graue Wangen, einen grauen Scheitel und markante helle Flügelbinden.

Das Weibchen und die Jungvögel sind von blassem Braungrau und weisen nicht die klare Zeichnung des Männchens auf. Wie das Männchen haben sie jedoch graue Wangen, was sie vom Feldsperling unterscheidet.

In günstigen Umgebungen kann der Haussperling drei- und selten sogar viermal im Jahr brüten, aber dafür geht man davon aus, dass nur jeder fünfte Jungvogel auf dem Land das erste Jahr überlebt (in der Stadt sind die Überlebenschancen höher).

Feldsperling *Passer montanus*

✳ Länge: ca. 14 cm
✳ besucht im Winter gern Futterhäuschen

Während sich der Feldsperling in einigen Regionen des Mittelmeers und Asiens zum ausgesprochenen Stadtvogel entwickelt hat und dort anstelle des Haussperlings dominiert, ist er in Mitteleuropa in Dörfern und Städten eher selten zu sehen. Bei uns brütet der Feldsperling vorrangig im Tiefland und in größerer Distanz zum Menschen als sein Verwandter, und gilt wie dieser zu den gefährdeten Vogelarten.

Größenmäßig ist der Feldsperling etwas kleiner und gedrungener als der Haussperling, und beide Geschlechter haben einen charakteristischen Wangenfleck. Er brütet gern in Nistkästen, unter Dachziegeln oder in anderen Hohlräumen und kann örtlich der häufigste Kleinvogel sein – nicht zuletzt, weil er gern in lockeren Kolonien lebt und in unmittelbarer Nähe brütende Artverwandte duldet. Verglichen mit dem Haussperling lässt er sich jedoch selten in den asphaltierten Umgebungen der Stadtkerne nieder, sondern sucht lieber lockere Bebauung oder ländliche Gegenden auf. Man findet den Feldsperling auch in weniger ausgebeuteten Naturgebieten, insbesondere wenn es dort ein einzelnes Gehöft oder einen Schuppen gibt, die ihm als „Stützpunkt" dienen können.

Der Feldsperling kann zwei- oder dreimal pro Saison brüten, wenn die Bedingungen günstig sind. Wie viele andere Arten auch füttert er seine Jungen vorwiegend mit Insekten, aber wenn die Jungen größer werden, gehen sie zu einer Kost über, die vor allem aus Getreide, Unkrautsamen und anderer pflanzlicher Nahrung besteht. Wenn die Jungen das Nest verlassen, weisen sie noch nicht den Wangenfleck des erwachsenen Vogels auf und haben gelbe Mundwinkel. Der Feldsperling lebt überwiegend als Standvogel, einige Populationen ziehen aber im Winter auch in Richtung Süden.

Junger Feldsperling

Das wichtigste Kennzeichen des Feld-
sperlings ist sein schwarzer Wangenfleck. Der Feldsperling ist etwas kleiner als der Haussperling, und sein
Lätzchen ist nicht so groß wie das der
Haussperlingsmännchen. Zur Winterzeit besucht er gern in tschilpenden
Schwärmen unsere Futterhäuschen.

Gimpel (Dompfaff)
Pyrrhula pyrrhula

* Länge: ca. 17 cm
* brütet vorwiegend in großen Waldgebieten
* zurückgezogene Lebensweise

Der Gimpel, auch Dompfaff genannt, ist ohne Zweifel einer unserer bekanntesten Vögel, nicht zuletzt, weil er in einigen Ländern so fleißig auf Weihnachtskarten und in anderen Zusammenhängen auftaucht, die zu dem größten Fest des Winters gehören. Außerdem ist der auffällig gefiederte Vogel einer der häufigeren Gäste an unseren Futterhäuschen.

Im Sommer führt der Gimpel ein eher zurückgezogenes Dasein, und obwohl er recht weit verbreitet ist, trifft man ihn während der Brutzeit nur selten an. Zum Nisten bevorzugt er größere Waldgebiete, am besten mit starkem Fichtenanteil, aber manchmal kann er auch in verwilderten Gärten und Parks brüten.

Im Winter frisst der Gimpel gern Samen aus unseren Futterhäuschen, aber auch Knospen von Laubbäumen (gerne von den Obstbäumen im Garten!) sind eine beliebte Speise. Die Gimpel bleiben im Winter bei uns und machen sich nicht wie ihre Artgenossen aus dem Norden in wärmere Gefilde auf. Der in Deutschland brütende Bestand wird bei etwa 280 000 Paaren angesetzt.

Ein gutes Kennzeichen bei beiden Geschlechtern ist der weiße Bürzelansatz, der beim Fortfliegen des Gimpels leuchtet.

Die Unterschiede zwischen den Geschlechtern sind groß: Das Gimpelweibchen ist über dem Bauch blassbraungrau gefärbt, ...

... während das Männchen eine pastellrote Brust zur Schau stellt.

Buchfink Fringilla coelebs

* Länge: ca. 16 cm
* der zahlreichste Vogel des Landes
* brütet in allen Umgebungen

Der Buchfink gilt noch vor dem Haussperling als häufigster Brutvogel des Landes. Er brütet im Wesentlichen in allen natürlichen Lebensräumen und ist deshalb auch in Gärten, Parks und öffentlichen Grünanlagen kein ungewöhnlicher Anblick. Den dichtesten Bestand findet man in Mischwäldern, insbesondere, wenn es dort auch offene Flächen und Sträucher gibt – also genau wie in den meisten Gärten.

Das Männchen beginnt bei uns ab Ende März zu singen, und die Brutzeit beginnt mit dem Laubaustrieb. Das Nest wird gewöhnlich auf einem Laubbaumast gebaut, und das Weibchen legt im Allgemeinen vier bis sechs Eier, die es in circa 14 Tagen ausbrütet. Nach weiteren 14 Tagen, in denen sie von beiden Elternteilen gefüttert werden, verlassen die Jungen das Nest. Sie werden vorwiegend mit Insekten aufgezogen, danach jedoch variieren sie ihre Kost genau wie die Eltern mit Samen, Beeren und anderen Pflanzenteilen.

In der Regel schafft es ein Buchfinkenpaar, zweimal im Jahr zu brüten. Der brütende Bestand in Deutschland ist auf neun bis elf Millionen Paare geschätzt worden, und von diesen zieht im Winter ein Teil nach Süden. Buchfinken, die überwintern, kommen manchmal an Futterhäuschen, oft in Gesellschaft des nah mit ihnen verwandten Bergfinken, und fressen dann gerne zu Boden gefallene Samen.

Im Winterkleid können die beiden Arten bei schnellem Hinsehen schwer zu unterscheiden sein, aber der weiße Bürzel des Bergfinken, seine orangegelbe Brust und die schwarzen Zeichnungen an Kopf und Rücken sind gute Kennzeichen. Ein Buchfinkenmännchen im Winterkleid hat eine blassrote Brust, und der blaugraue Kopf ist oft mit braunen Strichen versehen. Verglichen mit dem Sommerkleid ist das Winterkleid blasser und weniger konturiert.

Bucheckern sind sowohl für den Buchfinken als auch für den Bergfinken eine beliebte Winterspeise.

Im Flug ist der Buchfink bunt, und vor allem die Flügelbinde ist ein gutes Kennzeichen.

Das Buchfinkenmänn-chen ist mit seinem blau-grauen Kopf und der blassroten Brust unver-kennbar. Wie das Weib-chen hat es doppelte wei-ße Flügelbinden, die im Flug oft gut zu sehen sind. Der Bürzel ist oliv-grün, der des Bergfinken hingegen weiß.

Weibchen und Jungvögel sind sandfarben bis braun mit dunkleren Flügeln und kontrastierenden weißen Flügelbinden.

Rotkehlchen Erithacus rubecula

* Länge: 14 cm
* mit seiner roten Brust unverkennbar
* identisches Aussehen beider Geschlechter

Für die meisten Gartenliebhaber und Parkspaziergänger ist das Rotkehlchen ein wohlbekannter Gast. Wie in zahlreichen anderen europäischen Ländern gehört es bei uns zu den Vögeln, die man alltäglich rund um die Hausecke finden kann, der aber auch in Höhenlagen bis zur Baumgrenze zu finden ist. Mit seiner roten Brust, seinem bräunlichen Rücken und seinen großen dunklen Augen ist es unverkennbar. Das Rotkehlchen zeigt sich immer allein, was daran liegt, dass es, was Artverwandte angeht, einer der intoleranteren und aggressiveren Kleinvögel ist. Eigentlich findet man nur während der Brutzeit zwei Rotkehlchen am selben Ort, und weil die Geschlechter in der Natur ununterscheidbar sind, kann man nie sicher sein, ob man ein Männchen oder ein Weibchen vor sich hat.

Das Rotkehlchen brütet in den meisten Umgebungen und scheint sich in laubreichen Gärten genauso wohl zu fühlen wie im Wald. Man geht davon aus, dass 2,5 bis vier Millionen Rotkehlchenpaare in unserem Land brüten. Das Nest wird entweder direkt auf der Erde, im Gebüsch oder in einem Winkel oder einer versteckten Ecke eines Gebäudes gebaut. Ein Gelege besteht normalerweise aus fünf bis sechs Eiern, die in 14 Tagen ausgebrütet werden. Bis die Jungvögel flügge sind, dauert es noch einmal circa

Unabhängig von der Jahreszeit sucht das Rotkehlchen seine Nahrung meist auf der Erde.

Im Winter kommen einzelne Rotkehlchen auf der Suche nach fettreicher Kost an unsere Futterhäuschen.

Das Rotkehlchen kann das ganze Jahr über singen: im Sommer, um ein Brutrevier zu behaupten, im Winter, um Artverwandte von seinem Winterrevier fernzuhalten.

14 Tage. In geeigneten Umgebungen schafft es das Rotkehlchen manchmal, zweimal, in Ausnahmefällen sogar dreimal pro Saison zu brüten.

Mittel- und westeuropäische Rotkehlchen sind in der Regel wie ihre südeuropäischen Artgenossen Standvögel, einige von ihnen verlassen aber auch wie die ziehenden Populationen aus dem Norden und Osten Europas das Land zum Überwintern in den Mittelmeerländern oder dem Nahen Osten. Im Frühjahr pflegt das Rotkehlchen ab März aufzutauchen, und das Männchen beginnt dann sofort damit, ein Revier abzustecken. Auf der Suche nach fettreichen Samen, Talg oder anderer tierischer Nahrung besuchen die überwinternden Rotkehlchen oft Futterhäuschen. Im Winter singen zeitweise sowohl Männchen als auch Weibchen, um andere Rotkehlchen vom Winterrevier fernzuhalten. Als Gartenvogel ist das Rotkehlchen oft furchtlos und kann auf der Suche nach Futter sogar in Gartenschuppen, Ställe und Gewächshäuser hineinhüpfen.

Gartenrotschwanz

Phoenicurus phoenicurus

* Länge: 14 cm
* gut erkennbarer ziegelroter Schwanz
* Nistkastenbrüter

Der Gartenrotschwanz hat etwas von einem Heimlichtuer und kann örtlich verbreiteter sein, als man annimmt. Wenn der Garten an einen Wald grenzt und der Gartenrotschwanz einen geeigneten Nistkasten oder eine andere Nisthöhle findet, lässt er sich gern in unserer Nähe nieder. Er ist nicht besonders scheu, aber unerreicht darin, sich im Hintergrund zu halten. Am einfachsten bemerkt man den schönen, etwas wehmütigen Gesang des Männchens, der oft von April an und ein Stück weit in den Sommer hinein zu hören ist.

Die Brutzeit beginnt normalerweise Ende April/Anfang Mai, und nicht selten findet man zwei Gelege im selben Nistkasten, die dann von zwei Weibchen stammen. Der Gartenrotschwanz ist ein ausgesprochener Insektenfresser, der deshalb im Herbst auf Wanderung geht. Bevor er sich zu seinen Überwinterungsgebieten aufmacht, tut er sich jedoch auch an Beeren gütlich, und nicht selten sieht man Gartenrotschwänze im Pendelverkehr zu Wacholdersträuchern fliegen, wenn deren Beeren reif sind.

Ein typisches Kennzeichen von Gartenrotschwänzen ist das regelmäßige Zittern ihres ziegelroten Schwanzes.

Das Männchen ist mit seinem schwarzen Lätzchen, dem blaugrauen Rücken und dem warmen Orangeton auf der Brust unverkennbar.

Weibchen und Jungvögel sind beigebraun und in den Farben weniger konturiert. Wie die Männchen besitzen sie jedoch den für die Art charakteristischen ziegelroten Schwanz.

Fitis Phylloscopus trochilus

* Länge: ca. 11 cm
* sehr verbreitet
* fühlt sich in den meisten Umgebungen wohl

Der kleine hellgrüne und hellbäuchige Fitis ist ein recht häufig vorkommender Vogel (2008 belegte er in Deutschland Platz 14 der häufigsten Brutvogelarten). Im Unterschied etwa zum Buchfinken verrät meist sein Gesang die Anwesenheit des Fitis, und es kann eine gewisse Geduld erfordern, ihn in einem sommergrünen Baum zu entdecken. Oft hält er sich hoch oben im Laubwerk auf, und da er so klein und durch seine Farben gut getarnt ist, ist er nicht unbedingt leicht zu erkennen. Der seidenweiche, fast melancholische Gesang gehört jedoch in den meisten Umgebungen unseres Landes zu den charakteristischen Klängen. Am zahlreichsten trifft man den Fitis in Laub- oder Mischwäldern an, und nicht selten taucht er bereits im April in unseren Gärten auf, wenn Salweide, Weide und andere frühe Bäume ausschlagen.

Der Fitis ist ein ausgesprochener Zugvogel und verlässt uns bereits im September, um am Äquator oder südlich davon in Afrika zu überwintern. Er lebt vorwiegend von Insekten, und man nimmt an, dass er deshalb so erfolgreich ist, weil er auch im Winterquartier in verschieden gearteten Biotopen lebt und auf diese Weise weniger anfällig für Umweltveränderungen ist. Der deutsche Bestand variiert in gewissem Umfang, aber man geht davon aus, dass er bei rund zwei Millionen Paaren liegt.

Der Fitis ist sehr häufig, hält sich aber oft im Laubwerk von Bäumen und Sträuchern gut versteckt. Meist hat man nur am Frühlingsanfang, bevor der Laubaustrieb richtig in Gang gekommen ist, eine realistische Chance, ihn zu sehen.

Obwohl er sich hoch oben im Laubwerk wohlfühlt, baut er sein Nest am liebsten am Boden, in einem Grasbüschel unter einem Strauch.

Gartengrasmücke Sylvia borin

* Länge: ca. 14 cm
* ein optisch sehr unauffälliger Singvogel
* bricht frühzeitig zu den Winterquartieren auf und kommt spät zurück

Die Gartengrasmücke gehört zu den größeren, aber schwerer zu entdeckenden Singvögeln, die in unserer Nähe auftauchen. Sie ist sehr unkonturiert in grauen und braunen Farbtönen gezeichnet und führt ein recht zurückgezogenes Leben im Inneren von Strauchdickichten und im Laubwerk. Wie der Name andeutet, scheut sie auch Gärten nicht und bevorzugt oft solche, die gut eingewachsen sind und einen naturnahen Charakter haben.

Sie ist ein ausgesprochener Langstreckenzieher und verlässt uns bereits im September, um in Zentralafrika zu überwintern. Erst Ende April oder Anfang Mai pflegt sie zurückzukommen. Damit ist sie zusammen mit dem Mauersegler oft der letzte Zugvogel, der sich im Frühling zurückmeldet.

Aufgrund ihrer zurückgezogenen Lebensweise ist es oft ihr Gesang, der die Gartengrasmücke verrät. Dieser ist ein eher leises und schwatzendes Lied, das in gewisser Weise an das der Mönchsgrasmücke erinnern kann, jedoch nicht deren flötende Töne enthält. Nicht selten hört man das „Geschwätz" der Gartengrasmücke tief aus dem Dunkel eines Gebüschs kommen, und es kann eine ganze Weile dauern, bis man ausmachen kann, wo sie sitzt. Abgesehen von Insekten, die ihre Grundnahrung bilden, kann sie sich im Herbst auch an Beeren gütlich tun, um sich vor dem Aufbruch ins Winterquartier einen Fettvorrat anzufressen.

Die Farbe ist grau bis
graubeige, manchmal
mit einem rosafarbenen
Stich an den Flanken.

Die Gartengrasmücke
sitzt oft versteckt in
einem Strauch und singt.

Dorngrasmücke Sylvia communis

* Länge: ca. 14 cm
* ein häufiger Singvogel, der strauchreiche Gegenden bevorzugt
* neugierig und nicht scheu

Die Dorngrasmücke ist einer der vorwitzigeren und leichter zu entdeckenden Singvogel, vor allem aufgrund ihres neugierigen und etwas zänkischen Auftretens. Außerdem führt sie oft von der Spitze eines Strauchs aus kleine Gesangsläufe durch oder setzt sich ganz offen auf einen Telefonmast oder trockenen Zweig, um die Umgebung zu beobachten. Der Gesang ist indes kein besonders schönes Lied, sondern besteht meistens aus einer monotonen, etwas mürrisch wirkenden Strophe. Wie viele andere Singvögel auch ist die Dorngrasmücke ein Langstreckenzieher, der in Afrika überwintert, und meist sind es die Männchen, die im April wieder als Erste zu uns zurückkommen. Sie fangen dann sofort an zu singen und ihr Revier abzustecken, woraufhin sie ein paar provisorische Nester bauen, die von den ankommenden Weibchen besichtigt werden können. Wenn sich ein Weibchen für ein Nest entschieden hat, wird dieses gemeinsam fertiggestellt, um vier bis sechs Eiern Schutz zu bieten. Diese werden von beiden Geschlechtern bebrütet, und nach circa zwölf Tagen schlüpfen die Jungen, die dann noch einmal ebenso lange im Nest bleiben, bis sie flügge sind. Wie viele andere Langstreckenzieher auch schafft es die Dorngrasmücke normalerweise nur einmal im Jahr, zu brüten.

Die Dorngrasmücke zählt in Europa zu den häufigeren Vogelarten. Da sie aber in der Sahelzone überwintert, wo es Zeiträume mit großer Dürre gibt, erleidet der Bestand manchmal massive Einbrüche.

Kennzeichnend für die Dorngrasmücke sind das helle Auge und ein blassrosafarbener Stich an Brust und Flanken.

Die Dorngrasmücke ist nicht sonderlich scheu, und man erkennt den neugierigen Vogel oft daran, dass er bei Störungen mit harten „Tschär"-Rufen oder einem rauen „Wähd-Wähd-Wähd" warnt.

Klappergrasmücke *Sylvia curruca*

* Länge: ca. 14 cm
* zurückgezogen, aber keine Seltenheit
* fühlt sich in Gärten und Parks mit viel Gebüsch wohl

Die Klappergrasmücke ist der Dorngrasmücke äußerlich recht ähnlich. Sie lassen sich leicht unterscheiden, wenn man auf die Augenfarbe achtet, die bei der Klappergrasmücke dunkel ist, während die Dorngrasmücke eine helle Iris und scharf konturierte Pupillen hat. Außerdem unterscheidet sich ihr Gesang markant von dem der Dorngrasmücke, und daher hat sie auch ihren Namen. Das Lied der Klappergrasmücke klingt nämlich, als würde man eine Erbse in eine Dose legen und diese schütteln, sodass sie klappert. Oft hört man diesen charakteristischen Gesang – „Tell-ell-ell-ell" – Mitte April aus einem Strauch kommen, bevor andere Singvögel beginnen, sich zurückzumelden. Nicht selten geschieht dies in Verbindung mit warmem Wetter an den ersten sonnigen Frühlingstagen.

Die Klappergrasmücke zieht im Oktober nach Ostafrika, vor allem nach Äthiopien und in den Sudan, und kommt im April wieder zurück. Ihre Nahrung besteht hauptsächlich aus Insekten, und manchmal kann sie in Gärten, in denen es viele Sträucher, Hecken und Randzonen zwischen offenen und schattigen Partien gibt, eine geeignete Nistumgebung finden.

Dorngrasmücke   Klappergrasmücke

Die Klappergrasmücke hat einen dunkleren Kopf und dunklere Augen als die Dorngrasmücke. Außerdem ist ihr Gefieder vollkommen frei von rostroten Tönen.

Die Klappergrasmücke ist recht häufig vertreten, wenn ihr die Umgebung zusagt, aber sie kommt deutlich seltener vor als die Dorngrasmücke.

Bachstelze Motacilla alba

* Länge: ca. 18 cm
* häufig und nicht scheu
* lebt gern in unserer Nähe

Die Bachstelze gehört zu den Vögeln, die sich eigentlich nicht mit anderen verwechseln lassen. Mit ihrem schwarzweißgrauen Gefieder, dem wippenden Schwanz und ihrem Zutrauen zu uns Menschen ist sie einer der bekannteren Vögel. Sie ist oft im Anschluss an bebaute Gebiete verbreitet, fühlt sich aber auch in der Nähe von Wasser und in offenen, vorzugsweise etwas trockeneren Gegenden wohl. Am liebsten sucht sie Gärten und andere Orte auf, an denen es viele Insekten gibt, die sie auf ihren rastlosen Spaziergängen fangen kann, und wo Weidetiere das Gras kurz halten. Als Gartenvogel taucht sie oft sofort nach dem Rasenmähen auf, um sich Insekten einzuverleiben, die aufgeschreckt oder verletzt wurden, und es ist nicht ungewöhnlich, dass sie direkt neben dem Rasenmäher spaziert, um sich keinen Leckerbissen entgehen zu lassen.

Die Bachstelze ist in erste Linie Insektenfresser und sucht wie die meisten dieser Vögel im Winter wärmere Gegenden auf. Im Herbst kann man deutlich eine südwestliche Zugbewegung bemerken. Die Winterquartiere der west- und mitteleuropäischen Bachstelzen liegen im Südwesten, und die meisten der Vögeln überwintern im westlichen Mittelmeerraum oder fliegen weiter bis nach Westafrika.

Wer Bachstelzen in seiner Nähe hat, weiß, dass ein brütendes Paar seinem Revier häufig sehr treu ist und von Jahr zu Jahr wiederkommt. Das Nest, welches vom Weibchen gebaut wird, wird vorzugsweise in einem geschützten Schlupfwinkel platziert und liegt nicht selten in Nebengebäuden, unter Dachziegeln oder anderen Winkeln von alten Gebäuden. Das Gelege der Bachstelzen besteht aus fünf bis sechs Eiern, und diese werden in 14 Tagen ausgebrütet. Bis die Jungvögel flügge sind, dauert es noch einmal circa 14 Tage. In guten Sommern schaffen es die Bachstelzen oft, mehr als zweimal zu brüten, bis sie im September oder Oktober zu ihrer Herbstwanderung aufbrechen.

Vom Aussehen her ist die Bachstelze unverkennbar, aber den Jungvögeln fehlen die schwarzen Kopfzeichnungen und das große Lätzchen der erwachsenen Vögel. Männchen und Weibchen sehen einander sehr ähnlich, aber man kann sie daran unterscheiden, dass beim Weibchen der Übergang zwischen Schwarz und Grau am Nacken weniger konturiert ist.

Der deutsche Bestand beträgt etwa 700 000 Brutpaare. Die Bachstelze gehört übrigens zu den Vögeln, die auch hoch oben im Gebirge brüten kann und sich dort vorzugsweise in der Nähe von Wasserläufen aufhält.

Trauerschnäpper Ficedula hypoleuca

* Länge: ca. 13 cm
* häufig in Gärten und Parks zu finden
* brütet gern in Nistkästen

Der Trauerschnäpper gehört zu den Nistkastenbrütern im Garten. Leider gerät er oft mit Meisen unterschiedlicher Art (vor allem Kohlmeisen) in Konflikt um Nistkästen, weil diese bereits einziehen können, bevor der Schnäpper aus seinen afrikanischen Winterquartieren zurückkehrt. Studien zufolge werden mehr Trauerschnäpper bei dieser Art von Streitigkeiten mit Kohlmeisen getötet als von Raubvögeln. Eine Lösung des Problems kann darin bestehen, das Einflugloch eines Nistkastens zu versperren und im April wieder zu öffnen, damit Wohnraum vorhanden ist, wenn die Trauerschnäpper einzutreffen beginnen.

Die Ankunft des Trauerschnäppers ist gut mit dem Laubaustrieb synchronisiert, wenn die Insekten beginnen, zum Leben zu erwachen. Dass er angekommen ist, merkt man meist daran, dass das Männchen mit seinem Gesang ein Revier absteckt. Sein Lied besteht aus Strophen von fallenden Tönen, und er lässt es beharrlich erklingen, wenn er der Meinung ist, einen geeigneten Nistplatz gefunden zu haben. Die Weibchen treffen etwas später ein und werden dann von den singenden Männchen angelockt, um das Revier auf seine Eignung zu inspizieren. Wenn das Weibchen das Revier gutheißt, wird die Paarungszeremonie eingeleitet. Das Brüten ist jedoch beim Trauerschnäpper eine recht komplizierte Geschichte, da sich Männchen oft zuerst mit dem Weibchen paaren, das ihre Wahl akzeptiert hat, um danach ein neues Zweitrevier mit einem weiteren Weibchen zu bilden. Letzteres muss indes allein zurechtkommen, sobald es mit der Eiablage begonnen hat, da das Männchen wieder zu seiner ersten Partnerin zurückkehrt, um dieser zu helfen. Die Anzahl der Eier beträgt im Allgemeinen fünf bis sieben, und sie werden in circa 14 Tagen ausgebrütet. Während dieser Zeit füttert das Männchen das erste Weibchen und hilft dann bei der Fütterung seiner ersten Brut, bis diese nach weiteren 14 Tagen beginnt, das Nest zu verlassen. Der Aufbruch zu den Winterquartieren südlich der Sahara beginnt Ende September.

Ein Kennzeichen der Trauerschnäpper ist, dass sie oft mit den Flügeln „zwinkern", wenn sie auf einem Zweig sitzen, um sich dann plötzlich in die Luft zu erheben und nach einem fliegenden Insekt zu schnappen.

Das Männchen ist in der Regel schwarzweiß, aber auch blassere oder braunweiße Tiere kommen vor. Weibchen und Jungvögel sind beigebraun-weiß.

Zwischen Kohlmeisen und Trauerschnäppern herrscht starke Konkurrenz um Nisthöhlen, was oft in einer Tragödie für den Schnäpper endet.

Mauersegler Apus apus

* Länge: ca. 17 cm
* unverkennbar mit schmalen Flügeln und schreiendem Ruf
* brütet gern unter alten Ziegeldächern
* Vogel des Jahres 2003 in Deutschland und Österreich

Der Mauersegler, der auch als Mauerschwalbe bezeichnet wird, ist vielleicht im eigentlichen Wortsinn kein Gartenvogel. Doch in vielen Fällen brütet er unter den Dachziegeln unserer Häuser und kann örtlich eine charakteristische Art sein, die der Umgebung ihre Prägung verleiht. Sein schreiender Ruf gehört zu den stimmungsvollsten Sommerklängen, und der Mauersegler ist außerdem ein Vogel, der wirklich nur im Sommer bei uns verweilt. Oft taucht er erst ab Ende April auf, aber auch bei schlechtem Wetter kann er längere Zeit verschwinden. Die Wartezeit verbringt er dann weit entfernt vom Nistplatz, bis das Wetter sich gebessert hat.

Trotz seiner Ähnlichkeit mit den Schwalben gehört der Mauersegler einer völlig anderen Familie an, die nur äußerst selten, eigentlich nur während der Brutzeit, festen Boden streift. Den Rest des Jahres verbringt er in der Luft, und er kann sogar im Fliegen schlafen und sich im Flug paaren! Seine Nahrung besteht aus „Luftplankton", also kleinen Insekten und Spinnen, die im Wind umhertreiben und die er mit seinem breiten Schnabel wie mit einem Kescher einsammelt. Eine Bedrohung für den Mauersegler und andere gebäudebrütende Arten ergibt sich daraus, dass moderne Dachmaterialien und höhere Anforderungen an die Dichtigkeit der Dächer

Der schreiende Ruf der Mauersegler gehört
zu den stimmungsvollsten Sommerklängen,
wenn sie über die Hausdächer dahinjagen.

es ihnen schwer machen, geeignete Nistplätze mit freier Einflugbahn zu finden. Wenn man brütende Mauersegler unter seinem Dachfirst hat, sollte man sich gut überlegen, ob man mit der Renovierung seines Hauses beginnen möchte.

Das Brüten weicht stark von dem Vorgehen anderer Vögel ab, da die Art sehr sensibel auf schlechtes Wetter reagiert. Die Eier, die in einem Gelege oft nur drei an der Zahl sind, sind widerstandskräftig gegen Abkühlung und können deshalb mit Unterbrechungen bebrütet werden, sodass es fast einen Monat dauern kann, bis sie ausgebrütet sind. Dasselbe gilt für die Jungen, die in Zeiten, in denen die Eltern bei sehr niedrigem Luftdruck auf Wetterflucht sind, in eine Hungerstarre fallen können. Dies ist einer der Gründe dafür, dass der Mauersegler eine erfolgreiche Art ist, die im Durchschnitt ein höheres Alter erreicht als viele andere Kleinvögel. Durch Beringung hat man Vögel entdeckt, die über 20 Jahre alt waren!

Mehlschwalbe Delichon urbica

* Länge: ca. 13 cm
* baut ihr Nest an der Außenseite von Gebäuden
* örtlich verbreitet, aber in der Anzahl zurückgehend

Von den vier Schwalbenarten, die in unserem Land brüten, taucht vor allem die Mehlschwalbe in dichter bebauten Gebieten auf, obwohl auch sie ländliche Gebiete und offene Natur in ihrer Nähe haben will. Die Rauchschwalbe ist noch stärker an Bauernhöfe mit Tierhaltung gebunden, die Felsenschwalbe braucht Felswände, und die Uferschwalbe lebt ausschließlich in Höhlungen von Kiesgruben und sandigen Steilufern. Neben der nur in Süddeutschland vereinzelt brütenden Felsenschwalbe baut auch die Mehlschwalbe ihr Nest an der Außenseite von Gebäuden. Ihre natürlichen Nistplätze sind Felswände und andere senkrechte Flächen, und aus genau diesem Grund macht sie sich manchmal unsere Hauswände zunutze. Das Nest wird aus Lehm gebaut, den die Mehlschwalbe im Schnabel heranholt und dann zu einer Nestmulde aufmauert. Sie legt vier bis fünf Eier, die im Allgemeinen in circa 14 Tagen ausgebrütet werden. Die Jungen bleiben lange im Nest, und es dauert oft über einen Monat, bis sie vollkommen selbständig sind. In guten Sommern kann es die Mehlschwalbe trotzdem schaffen, zwei- bis dreimal zu brüten.

Leider gehört die Mehlschwalbe zu den in ihrer Anzahl zurückgehenden Vogelarten, auf ihre schwierige Lage wurde bereits 1974 mit ihrer Ernennung zum Vogel des Jahres aufmerksam gemacht. Über die Ursachen für den Bestandsrückgang wird spekuliert, aber wahrscheinlich liegen sie in einer Kombination aus Wetterverhältnissen, der Tatsache, dass die Kolonien nicht in Frieden gelassen werden, sowie der Verfügbarkeit von Insekten während der Brutzeit oder an den Überwinterungsplätzen. Wie alle Schwalben ist die Mehlschwalbe ein Zugvogel. Sie verlässt uns im Oktober, um im südlichen Teil Afrikas zu überwintern, und kehrt im April zurück.

Die natürlichen Nistplätze der Mehlschwalbe sind Felswände und andere
senkrechte Flächen, und aus genau
diesem Grund macht sie sich manchmal unsere Hauswände zunutze.

Waldkauz Strix aluco

* Länge: ca. 38 cm
* die häufigste Eulenart in Deutschland
* brütet gern in Nistkästen

Der Waldkauz ist die Eule, der man in unserem Land am häufigsten begegnet. Das gilt zumindest für bebaute Gebiete – von den größten Städten mit hoher Wohndichte bis zu dünn besiedelten ländlichen Gegenden –, und man glaubt, dass der deutsche Bestand über 60 000 Paare beträgt. Der Bestand der zweithäufigsten heimischen Eulenart, der Waldohreule, ist nicht nur um die Hälfte geringer, sondern der Vogel lebt auch eher am Waldrand, sodass die Chance, die Bekanntschaft einer Eule zu machen beim Waldkauz mit Abstand am größten ist. Man bemerkt die Eulen vielleicht am meisten im Winter und Vorfrühling, wenn im Dunkeln ihr charakteristischer Ruf erklingt: „Huh-Huhuhu-Huuuh". Dieser wechselt sich manchmal mit einem arttypischen „Kuwitt" ab, das während der Paarungszeit oft und rund um das Wohnrevier das ganze Jahr über zu hören ist.

Der Waldkauz ist ein ausgesprochener Höhlenbrüter, der sich gern in Nistkästen niederlässt, wenn diese groß genug sind. In freier Natur bewohnt er am liebsten hohle Bäume, und nur ausnahmsweise sucht er Unterschlupf in Gebäuden. Die Brutzeit beginnt in Mitteleuropa im März, aber erst wenn die weißdaunigen Jungen das Nest verlassen, wird man auf die Eulen aufmerksam. Dann kann man eine Gruppe frisch ausgeflogener Jungvögel auf einem Zweig sich aufreihen oder über Bäusche und Bäume ausgebreitet sitzen sehen, und man hört ihre um Futter bettelnden Rufe. Falls man auf eine solche Bande stößt, sollte man jedoch aufpassen – die Waldkauzeltern warten mit der Verteidigung ihrer Nachkommen nicht lange, sondern greifen Störenfriede mit scharfen Krallen an!

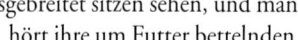

Gesichtssinn und Gehör des Waldkauzes sind an seine nächtliche Jagd angepasst.

Der Waldkauz hat mit seinen schwarzen Augen und dem
runden Kopf ein sanftes Aussehen. Die Federohren und die
orangefarbenen Augen der Waldohreule und des Uhus fehlen bei ihm. Käuze verbringen die hellen Stunden des Tages
mit Schlafen und sind dann oft sehr schwer zu entdecken.
Manchmal jedoch verraten Kleinvögel und Elstern, von denen
sie bedrängt werden, wo sich der Zweig befindet, auf dem die
Waldkäuze tagsüber sitzen.

Unter den Lieblingsbäumen des Waldkauzes oder in Gebäuden, in denen er sich bei Tageslicht aufhält, kann man manchmal sein Gewölle finden, das aus unverdauten Knochenres-
ten, Haaren und Zähnen von Beutetieren besteht. Wenn man
sich anschaut, was darin enthalten ist, bekommt man einen
Anhaltspunkt dafür, was auf der örtlichen Speisekarte steht!

Sperber Accipiter nisus

* Länge: 28 – 40 cm
* der dritthäufigste Greifvogel des Landes (nach dem Mäusebussard und dem Turmfalken)
* regelmäßiger Gartengast, vor allem im Winter

Der Sperber ist derjenige Greifvogel, den man am häufigsten im Garten antrifft, und außerdem oft der einzige, der sich richtig nahe an unsere Häuser heranwagt. Dies tut er nicht zuletzt im Winter, wo er ein regelmäßiger, aber oft ungeladener Gast am Futterhäuschen sein kann. Er ist ein Meister der „Schleichtechnik" und greift oft Kleinvögel an, indem er eine Kurve um Ecken, Strauchwerk oder dichte Hecken fliegt und seine Beute aus niedriger Höhe packt.

Im Sommer sucht er größere Parks, Waldränder und halboffene Landschaften auf, um zu brüten. Der Sperber gilt auch in vielen städtischen Umgebungen als einer der zahlreichsten Greifvögel.

In Aussehen und Größe unterscheiden sich Männchen und Weibchen stark. Das Weibchen ist deutlich größer als das Männchen und hat mehr Braunanteile im Gefieder. Das Männchen bildet mit zunehmendem Alter seitlich an der Brust eine Orangefärbung aus und wird am Rücken schiefergrau. Jungvögel sehen im ersten Herbst und Winter – unabhängig von ihrem Geschlecht – dem Weibchen sehr ähnlich.

Ein Teil der Sperber des Landes zieht im Herbst nach Südwesteuropa, während diejenigen, die hier überwintern, ein umherstreifendes Leben führen. Sie halten sich oft in städtischen und bebauten Gegenden auf.

Das Sperbermännchen ist
kleiner als das Weibchen.

Die Jungvögel haben ein
bräunliches Gefieder und
sind ziemlich schwer von den
Weibchen zu unterscheiden.

Fasan Phasanius colchicus

* Länge (einschließlich Schwanz): Hahn ca. 85 cm,
  Henne ca. 60 cm
* unverkennbar mit seinem langen Schwanz und dem
  (beim Hahn) bunten Gefieder
* am häufigsten in abwechslungsreichen Kulturlandschaften zu
  finden, zum Bespiel mit Hecken, Weiden und kleineren Äckern

Der Fasan kann vielerorts ziemlich häufig in Ortschaften und in der Nähe von Wohnbebauung auftreten, insbesondere, wo der Bestand nicht durch die Jagd beeinträchtigt wird und der Zugang zu Winternahrung gut ist. Wird er jedoch bejagt oder in anderer Weise gestört, so kehrt seine Scheu zurück, und dann taucht er meist nur in schneereichen Wintern auf, um das aufzupicken, was am Futterhäuschen herunterfällt.

Der Fasan ist ursprünglich ein mittelasiatischer Vogel, der in Mitteleuropa im Laufe des Mittelalters zu Jagd- oder Zierzwecken eingebürgert wurde. Er gehört zu den Hühnervögeln und brütet direkt auf der Erde. Die Gelegegröße variiert stark, und die frisch geschlüpften Küken sind Nestflüchter: Sie verlassen es sofort, um der Henne auf der Suche nach Nahrung zu folgen.

Junge Fasanenküken fressen überwiegend Insekten und Würmer, sodass pflanzen- und unkrautreiche Gegenden wichtig für ihr Wachstum sind. Deshalb ist der Fasan im Allgemeinen in abwechslungsreichen Landschaften mit viel Weideland, in Gärten und anderen zur Bewirtschaftung ungeeigneten Gebieten häufiger anzutreffen als auf ausgeprägten Landwirtschaftsflächen mit großen zusammenhängenden Äckern. Der Bestand der Fasane hängt stark von Einbürgerungen, Beschaffenheit der Winter und Bejagung ab; die Art gilt derzeit nicht als gefährdet.

Henne

Hahn

Die Henne ist sandfarben mit gesprenkeltem Gefieder. Die Fasanenhähne tragen zur Balz im Frühling ein buntes Federkleid mit kräftigen Farben.

Hähne mit weißem Halsring gehören dem *torquatus*-Typ an, diejenigen ohne Halsring dem *colchicus*-Typ. Fasane sind sehr bodengebunden, können bei Bedarf aber gut fliegen. Nachts versammeln sie sich örtlich gern in Schlafbäumen.

Erdkröte Bufo bufo

* Länge: bis zu 12 cm
* robust gebaut mit warziger Haut
* in den meisten Umgebungen verbreitet, auch weit entfernt von Gewässern

Die Erdkröte ist mit ihrer warzigen Haut, ihrer robusten Erscheinung und ihrem kriechenden Gang unverkennbar. Sie hüpft nicht gern, so wie es die Frösche tun, sondern bewegt sich vorwärts, indem sie mit allen vier Beinen gemächlich geht. Gelaicht wird in Teichen und Seen, sobald sich das Wasser im Frühling erwärmt, und oft versammeln sich an besonders beliebten Laichplätzen Jahr für Jahr große Mengen von Erdkröten. Das Erdkröten-weibchen, das bis zu zwölf Zentimeter lang werden kann und damit größer als das Männchen ist, kann über 6000 Eier legen, und aus diesen schlüpfen je nach Wassertemperatur nach circa zehn Tagen die Kaulquappen. Die Kaulquappen der Erdkröte, die Froschkaulquappen ähnlich sehen, aber von tieferem Schwarz sind, leben danach im Wasser, bis sie ihre Entwick-lung abgeschlossen haben, und kriechen nach zwei bis drei Monaten an Land. Im Winter gräbt sich die Erdkröte in frostfreier Tiefe im Boden ein und fällt dort in eine Winterruhe.

Erdkröten ernähren sich von zahlreichen Kleintieren und Würmern und sind auch dann nützlich, wenn sie sich in Gewächshäusern oder Mistbeeten niedergelassen haben. Sie können sehr alt werden, manchen Quellen zufolge bis zu 40 Jahre, und werden in der Regel nicht vor dem Alter von vier bis fünf Jahren geschlechtsreif.

Die Erdkröten legen ihre Eier in langen Strängen ab, im Unterschied zu den großen Klumpen der Frösche. Während des Laichens klammert sich das Männchen am Rücken des Weibchens fest und kann dort stun-denlang sitzen bleiben.

Grasfrosch Rana temporaria

* Länge: 5–10 cm
* hüpft besser und häufiger als die Erdkröte
* variiert stark in der Farbe

Der Grasfrosch wird auch als Gemeiner Frosch bezeichnet und kommt häufig vor. In unserem Land ist er in der Familie *Rana*, die in Deutschland insgesamt sechs Vertreter besitzt, in einigen Gebieten die dominierende Art, in anderen fehlt er fast gänzlich.

Der Grasfrosch laicht im Frühling, wenn es die Wassertemperatur zulässt, und kann sich oft in Gartenteichen, Gräben und Kleingewässern in dicht bebauter Umgebung niederlassen. Die Eier werden in großen Klumpen von mehreren Weibchen abgelegt, und nach dem Schlüpfen wimmelt das ganze Gewässer von kleinen Kaulquappen. Ihre Entwicklung findet im Wasser statt, und erst, wenn sowohl Hinter- als auch Vorderbeine ausgebildet sind, machen sie sich auf in neue Umgebungen. Nicht selten treten die kleinen, soeben dem Wasser entstiegenen Frösche an einigen Tagen im Jahr massenhaft auf. Der Grasfrosch ernährt sich von allerlei Insekten, Würmern und Larven.

Der Grasfrosch variiert in Farbe und Größe stark. Im Unterschied zu den Kröten hat er eine glatte Haut.

Vollständig entwickelter Frosch

Eier

Kaulquappen

Nördlicher Kammmolch
Triturus cristatus

* Länge: 10 – 16 cm
* selten und verletzlich
* fühlt sich in fischfreiem Wasser wohl
* größte heimische Molchart

Der Nördliche Kammmolch ist deutlich größer als sein Verwandter, der Teichmolch (siehe Seite 92). Außerdem ist er deutlich dunkler gefärbt und hat eine warzige Haut. Während der Laichzeit bekommen die Männchen auf Rücken und Schwanz einen typischen Drachenkamm und entlang der Schwanzseiten einen silbergrauen Streifen.

Der Nördliche Kammmolch, der häufig nur Kammmolch genannt wird, verbringt einen großen Teil seines Lebens an Land, und eigentlich sucht er nur während der Laichzeit, die bei uns meist im April und Mai eintritt, das Wasser auf. Er ist mit den meisten stehenden Gewässern zufrieden, solange diese frei von Fischen sind und nicht austrocknen, bevor die Larven das Stadium erreicht haben, in dem sie das Wasser verlassen und an Land kriechen können.

Allgemein betrachtet ist der Nördliche Kammmolch deutlich seltener als der kleinere Teichmolch. Er wird auf der Vorwarnliste der Roten Liste Deutschlands geführt und gilt als streng geschützte Art laut Bundesnaturschutzgesetz. Er darf also weder gefangen, verletzt oder getötet, noch durch Aufsuchen seines unmittelbaren Lebensraums beunruhigt werden.

Das Männchen trägt während der
Laichzeit einen hohen Kamm auf
Rücken und Schwanz. Außerdem
werden die Schwanzseiten
silbergrau.

Den Rest des Jahres verbringt der
Kammmolch versteckt in feuchten
Höhlen, gern unter faulenden
Baumstämmen und in Mauern.

Alle Molche haben Junge, die im
Wasser leben und über Kiemen atmen.

Teichmolch Triturus vulgaris

* Länge: 6–10 cm
* der häufigste Molch
* fühlt sich in Gartenteichen wohl

Der Teichmolch ist die häufigste der vier Molcharten, die es in unserem Land gibt. Er ist kleiner und von einem helleren Braun als der Nördliche Kammmolch. In der Laichtracht hat das Männchen außerdem einen feuerroten Bauch mit dunklen Flecken und entlang des Schwanzes einen bläulichen Streifen. Die Laichzeit findet wie bei anderen Molchen auch im Wasser statt und kann im Tiefland bereits Ende Februar beginnen. Nach dem Laichen gehen die erwachsenen Molche (und ebenso die Jungen, wenn sie am Ende des Sommers vollständig entwickelt sind) an Land und leben in feuchten Umgebungen, wie Kellern, unter Baumstämmen und Steinen und in anderen geeigneten Schlupfwinkeln.

Ihre Farbe wird dann dunkler, aber nie so schwarz wie die des größeren Nördlichen Kammmolchs. Der Teichmolch ist als Gast in Gartenteichen nicht ungewöhnlich und gehört zu den besonders geschützten Arten des Bundesnaturschutzgesetzes.

Ein Kennzeichen, das den Nördlichen Kammmolch und den Teichmolch unterscheidet, ist der Rückenkamm. Beim Teichmolch ist er durchgehend, während der Nördliche Kammmolch zwei getrennte Kämme besitzt.

Das Weibchen hat wie das Männchen einen orangefarbenen Bauch, aber ihm fehlt dessen „Drachenrücken".

Waldeidechse Lacerta vivipara

* Länge: ca. 15 cm
* das erste Reptil des Jahres (2006)

Die Waldeidechse ist neben der schlangenähnlichen Blindschleiche die einzige Echse, bei der eine Chance besteht, sie im Garten anzutreffen, vor allem, wenn dieser an einen Wald oder eine andere unbewirtschaftete Umgebung grenzt. Sie gehört zu den Reptilien und ist also trotz der äußerlichen Ähnlichkeit nicht näher mit den Molchen verwandt.

Wie andere Reptilien auch hat die Waldeidechse eine dickere Haut als die Froschlurche und Molche und kann deshalb mit dem Wasservorrat des Körpers haushalten. Die Waldeidechse bringt vollständig entwickelte Jungen zur Welt, die schon von Geburt an kleine Kopien des erwachsenen Tieres sind. Sie kommen in einer Eihaut zur Welt, die in der Regel während des Geburtsvorgangs durchstoßen wird. Die Jungen sind relativ groß – bereits drei bis vier Zentimeter bei der Geburt – und dunkler gefärbt als ihre Eltern. Die Geschlechter unterscheidet man am einfachsten an den helleren, bisweilen blauen Farbtönen, die das Männchen auf der Unterseite hat. Wie die Blindschleiche kann die Waldeidechse Teile ihres Schwanzes abwerfen, um Raubtierangriffen zu entkommen.

Ihre Nahrung besteht aus allerlei Insekten und Würmern. Oft sieht man eine Waldeidechse, die gerade noch untätig an einer sonnigen Stelle lag, urplötzlich losstürzen und ein Insekt fangen.

Die Waldeidechse liegt gern in der Sonne und lauert Beutetieren auf. Sie ist äußerst flink, und beim geringsten Anzeichen von Gefahr verschwindet sie in einem schützenden Loch.

Tagpfauenauge Inachis io

* Flügelspannweite: ca. 60 mm
* unverkennbare Augenzeichnungen
* Schmetterling des Jahres 2009

Das Tagpfauenauge ist einer der häufigsten und aufsehenerregendsten Schmetterlinge in unseren Breiten. Wie der Kleine Fuchs sucht es gern Gewürzpflanzen und andere aromatische Kräuter auf. Die Raupen ernähren sich von Brennnesseln, und oft findet man sie in großen Gruppen, die sich an Brennnesselblättern gütlich tun. Von anderen Schmetterlingsraupen kann man sie durch ihre dunklere (oft schwarze) Farbe unterscheiden.

Das Tagpfauenauge ist ein Insekt, an dem sich die Folgen des Klimawandels positiv bemerkbar machen. Was ursprünglich in Deutschland nur selten vorkam, wird allmählich zur Regel: eine zweite Generation im Spätsommer. Der erwachsene Schmetterling überwintert oft in Nebengebäuden und anderen Bauten.

Die Unterseite der Flügel ist tarnfarben, was die Wirkung, wenn er seine Flügel ausbreitet, umso dramatischer macht.

Die Augenzeichnung auf den Flügeln ist ein Abschreckungssignal, das dem Schmetterling eine Chance geben kann, angreifenden Vögeln zu entkommen.

Die Raupe findet man oft an Brennnesseln, und sie ist dunkler als beispielsweise diejenigen des Kleinen Fuchses und des Admirals.

Admiral Vanessa atalanta

* Flügelspannweite: ca. 60 mm
* Wanderfalter
* in manchen Jahren sehr verbreitet

Der Admiral ist eine recht verbreitete Art, die sich besonders im Spätsommer oft im Garten zeigt, um sich am Fallobst zu bedienen. Wie der Distelfalter gehört er zu den Schmetterlingen, die im Frühjahr nach Norden fliegen und im Herbst die Gegenrichtung einschlagen, um in wärmeren Gebieten zu überwintern, und die daher auch als Wanderfalter bezeichnet werden. Im Gegensatz zum Zugverhalten von Vögeln ist über die Wanderungen von Insekten bisher noch wenig bekannt, obwohl ein wissenschaftliches Interesse besteht, das sich in neueren Erforschungen des Themas niederschlägt.

Die Anzahl der Admirale hängt davon ab, wie viele Gäste aus dem Süden eine neue Generation gegründet haben, die hier schlüpft, und ob milde Temperaturen zum Verweilen in Deutschland einladen – und eventuell weitere Generationen entstehen können.

Die Raupen ernähren sich von Brennnesseln, sind aber heller gefärbt als die Raupen des Kleinen Fuchses und des Tagpfauenauges. Man findet sie oft einzeln, und sie haben die Angewohnheit, zum Schutz vor Feinden das Blatt, an dem sie fressen, mit Seidenfäden zusammenzufalten.

Der Admiral ist ein farbenfroher Schmetterling, der sich im Spätsommer oft an Fallobst gütlich tut. Mit ein paar stehen gelassenen Brennnesseln lässt sich den Raupen etwas Gutes tun.

Im Frühling und Frühsommer kann man oft sehen, dass die weit gereisten Admirale von dem langen Flug mitgenommen sind und ausgefranste Flügel haben.

Distelfalter Cynthia cardui

* Flügelspannweite: ca. 60 mm
* Wanderfalter, der aus dem Mittelmeerraum und Nordafrika zu uns kommt
* in manchen Jahren zahlreich

Der Distelfalter ist ein Gast aus dem Süden. Er kommt im Mittelmeerraum und in Nordafrika vor und zieht jedes Jahr in variierender Anzahl nach Norden. In manchen Jahren kann er zahlreich auftreten, wenn uns die erste Welle dieser Migranten erreicht, in anderen Jahren gehört er zu den selteneren Gästen im Garten. Auf ihrer weiten Reise von Afrika nach Norden vermehren sich die Distelfalter mehrfach, sodass nach neuesten Erkenntnissen bis zu vier Generationen am Hinflug beteiligt sein können. Im Herbst fliegen die Schmetterlinge in zwei Generationen zurück nach Süden.

Der Distelfalter sucht am liebsten Blüten auf und wird nicht im gleichen Maß von Fallobst angezogen wie der Admiral. Die Raupe ernährt sich, wie der Name andeutet, von Disteln, aber auch von Brennnesseln, und ähnelt der Raupe des Admirals stark.

Der Distelfalter ist ein Migrant. Oft sieht man ihn blühende Gewürzpflanzen und andere aromatische Kräuter besuchen.

Brauner Waldvogel

Aphantopus hyperantus

* Flügelspannweite: ca. 40 mm
* verbreitet, mit vielen ähnlichen Verwandten

Der Braune Waldvogel gehört zu den Augenfaltern, einer großen Gruppe von Tagfaltern, die in der Schweiz, Österreich und Deutschland zusammengenommen circa 60 Arten umfasst. Ein Teil von ihnen ist sehr verbreitet, zum Beispiel der Braune Waldvogel, während andere sehr hohe Anforderungen an ihren Lebensraum stellen. Die meisten Arten sind bräunlich, mittelgroß und haben eine Augenzeichnung auf den Flügeln. Der Braune Waldvogel gehört zu den häufigsten Gästen im Garten und fühlt sich in recht unterschiedlichen Umgebungen wohl, solange er Zugang zu Stellen mit hochgewachsenem Gras hat. Die Raupe ernährt sich vorwiegend von verschiedenen Grasarten – weshalb der Augenfalter manchmal auch als Grasfalter bezeichnet wird –, während die erwachsenen Schmetterlinge auf der Suche nach Nektar Blüten besuchen.

Weibchen

Männchen

Sowohl Männchen als auch Weibchen haben augenähnliche Flecken. Die Männchen haben jedoch eine dunklere braune Grundfarbe, weshalb die Augenflecken beim Weibchen stärker hervortreten.

Der Braune Waldvogel überwintert als Raupe und verpuppt sich im Frühling. Der vollständig entwickelte Schmetterling fliegt dann verbreitet ab Juni in einem großen Teil des Landes.

Die Puppe ist relativ klein und hängt mit dem Kopf nach unten an einem Grashalm.

C-Falter Polygonia c-album

* Flügelspannweite: ca. 45 mm
* ein schöner kleiner Schmetterling, der sich selten in größerer Zahl zeigt
* vorwiegend auf Waldlichtungen, in Parks und Gärten

Der C-Falter lässt sich am leichtesten mit dem Kleinen Fuchs verwechseln, da beide fast gleich groß sind und ähnliche Farben haben. Ein großer Unterschied sind jedoch die fransigen Flügel des C-Falters, die man am deutlichsten erkennt, wenn er sich auf einer Blüte niederlässt. Außerdem fehlen bei ihm die helleren Gelbtöne des Kleinen Fuchses, und er wirkt insgesamt dunkler. Auch er gehört zu den recht häufigen Besuchern im Garten. Die Raupen zeichnen sich durch ein Tarnmuster aus, das an Vogelkot erinnert, und ernähren sich unter anderem von Brennnesseln, Hopfen und bestimmten Laubbäumen und Sträuchern.

Ab Juni fliegen überwinterte erwachsene Tiere und begründen gegebenenfalls eine weitere Generation, die von Juli bis Mitte August fliegt und dann ihrerseits überwintert. Auf der dunkelbraunen Unterseite der Hinterflügel trägt der C-Falter das namensgebende deutlich erkennbare C.

Die bemerkenswerte Farbzeichnung der Raupe soll an Vogelkot erinnern!

Puppe

Der C-Falter ähnelt
dem Kleinen Fuchs,
hat aber deutlich aus-
gefranstere Flügel-
ränder.

Zitronenfalter Gonepteryx rhamni

* Flügelspannweite: ca. 55 mm
* Männchen unverkennbar gelb
* relativ häufiger Besucher in unseren Gärten

Der Zitronenfalter erwacht oft sehr früh im Frühling. Somit konkurriert er vor allem mit dem Kleinen Fuchs um den Platz als erster Schmetterling des Jahres – der Titel Insekt des Jahres wurde ihm 2002 offiziell verliehen. Nicht selten sieht man ihn bereits im März, wenn die Sonne beginnt, die frei überwinternden Schmetterlinge aufzuwecken. Der Zitronenfalter ist vielleicht kein so ausgeprägter Gartenschmetterling wie beispielsweise der Kleine Fuchs oder der Große Kohlweißling, aber dank seines zahlreichen Auftretens besucht er oft auch die Blumen in unseren Rabatten.

Die Raupe ernährt sich von den Blättern des Purgier-Kreuzdorns (Wegedorns) und des Faulbaums. Dadurch ist der Zitronenfalter auf die wildere Natur angewiesen, wenn er nach einem Platz sucht, an dem er seine Eier ablegen kann. Nach dem Erwachen im Frühling fliegt der Zitronenfalter auf der Suche nach Nektar und Pollen gern zu den am frühsten blühenden Pflanzen, wie dem Huflattich, aber auch zu früh blühenden Bäumen, wie Salweiden und anderen Weidenarten. Die Paarung findet im Frühling statt, und die ersten Raupen pflegen sich im Monat Mai zu zeigen. Die vollständig entwickelten Schmetterlinge beginnen im Juni zu schlüpfen und bilden die nächste Generation, die überwintern wird. Der Zitronenfalter hat mit einem Jahr die höchste Lebenserwartung aller mitteleuropäischen Schmetterlinge.

Das Zitronenfalter-männchen ist gelb, während das Weibchen grünweiß ist.

Kleiner Fuchs Aglais urticae

* Flügelspannweite: ca. 50 mm
* oft der erste Schmetterling des Frühlings
* sehr verbreitet

Der Kleine Fuchs ist einer der Tagfalter, die am zahlreichsten im Garten vorkommen. Außerdem ist er neben dem Zitronenfalter oft der erste Schmetterling, den man im Frühling sieht, da überwinterte Schmetterlinge die am frühesten blühenden Pflanzen aufsuchen, um Nektar zu finden. Die Raupen ernähren sich von Brennnesseln, und dort sieht man sie in großen Gruppen, die sich allmählich durch einen Bestand austreibender Brennnesseln fressen. Danach findet man in Nebengebäuden und an Wänden, die sie vor der Verpuppung aufgesucht haben, oft Puppen oder leere Puppenhüllen. Manchmal schafft es der Kleine Fuchs, in einem Sommer zwei oder sogar drei Generationen hervorzubringen.

Der Schmetterling überwintert gern in Gartenschuppen und Nebengebäuden. Die Raupe ähnelt der des Tagpfauenauges, ist aber oft kleiner und hat entlang des Körpers einen helleren Strich.

Der Kleine Fuchs ähnelt dem C-Falter, hat aber gleichmäßigere hintere Flügelränder und klarere Farben als dieser.

Ähnlich wie die anderen Tagfalter besucht der Kleine Fuchs gerne Gewürzpflanzen, die Große Fetthenne oder den Schmetterlingsflieder (Buddleia), um an deren Nektar zu gelangen.

Großer Kohlweißling Pieris brassicae

* Flügelspannweite: ca. 60 mm
* in manchen Jahren sehr verbreitet
* Schädling, vor allem an Kohlpflanzen

Von den drei eng verwandten Arten Großer Kohlweißling, Rapsweißling und Kleiner Kohlweißling ist der Große Kohlweißling die größte. Man kann ihn außerdem dadurch von den anderen unterscheiden, dass er deutlicher gezeichnet ist, mit abgesetzten schwarzen Markierungen auf den Vorderflügeln. In günstigen Sommern bildet er zwei bis drei Generationen, und seine Raupen, die Kohlraupen, richten dann vor allem an Kohlpflanzen schweren Schaden an. Die charakteristischen gelben Eier werden an der Unterseite von Blättern abgelegt, und nach circa 14 Tagen kriechen die kleinen gesprenkelten Raupen daraus hervor. Die Raupen suchen oft Wände, Zäune und Ähnliches auf, wenn sie sich verpuppen und zu einer neuen Schmetterlingsgeneration werden. Die letzte Kohlweißlingsgeneration überwintert als Puppen, aus denen ab März die erwachsenen Tiere schlüpfen und zu fliegen beginnen.

Die Eier sind gelb und werden an der Unterseite von Blättern abgelegt.

Puppe

Der Große Kohlweiß-
ling lässt sich am ein-
fachsten dadurch von
anderen Weißlingen
unterscheiden, dass
er größer ist und deut-
licher gezeichnete
Flügel hat.

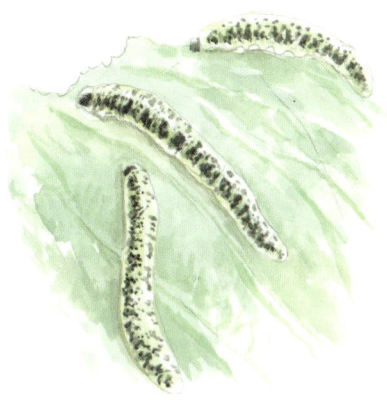

Die Raupen des Großen
Kohlweißlings, die
Kohlraupen, sind grün,
gelb und schwarz
gesprenkelt. Sie kön-
nen schweren Schaden
an angebauten Pflan-
zen anrichten.

Ligusterschwärmer Sphinx ligustri

* Flügelspannweite: bis zu 120 mm
* fliegt von Mai bis Juli während der Abenddämmerung und nachts

Der Ligusterschwärmer gehört unter den Insekten des Gartens zu den Schwergewichten. Er ist recht häufig und fliegt zum Beispiel zwischen blühenden Heckenkirschen in Gärten. Doch aufgrund seiner Nachtaktivität bemerkt man seine Anwesenheit vorwiegend durch die etwa zehn Zentimeter lange Raupe. Diese findet man oft in Ligusterhecken, aber sie kann auch an anderen Gartenpflanzen vorkommen. Durch ihre Größe, die grüne Farbe und die quergestreiften Zeichnungen ist sie unverkennbar. Die Raupe hat eine lange Wachstumszeit, aber nach vier bis sechs Wochen ist sie bereit, sich zu verpuppen. Dies tut sie in einem Loch im Boden, wo sie überwintert, bevor im folgenden Sommer der Schmetterling schlüpft.

Der Ligusterschwärmer hat eine lange Zunge, die er zusammenrollt, wenn er nicht auf Nektarsuche ist. Hierzu besucht er vor allem Heckenkirschen und Fliedersträucher.

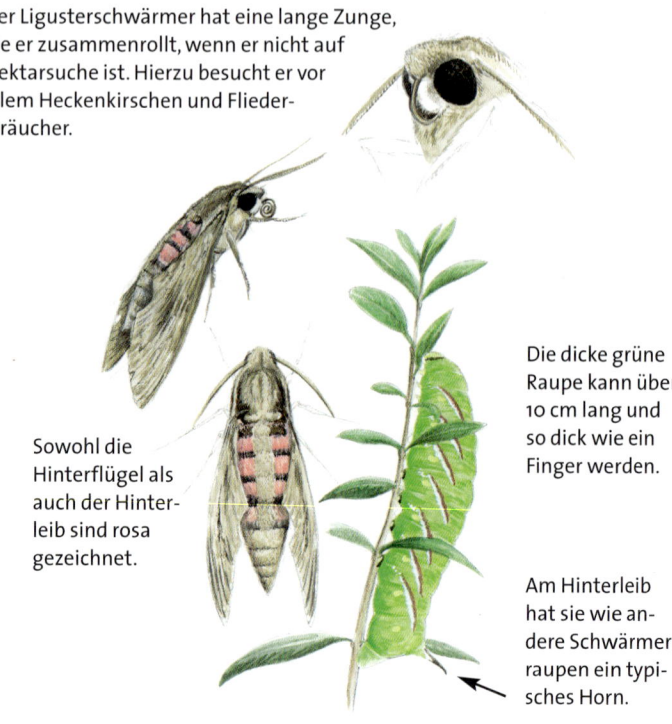

Sowohl die Hinterflügel als auch der Hinterleib sind rosa gezeichnet.

Die dicke grüne Raupe kann über 10 cm lang und so dick wie ein Finger werden.

Am Hinterleib hat sie wie andere Schwärmerraupen ein typisches Horn.

Hausmutter Noctua pronuba

* Flügelspannweite: ca. 55 mm
* sehr verbreitet
* schläft tagsüber, gern im Rasen oder im Haus

Die Hausmutter ist einer unserer zahlreichsten Nachtfalter und fehlt eigentlich nirgendwo im Land. In Gärten entdeckt man sie oft beim Rasenmähen, wo dann bräunliche, relativ große Nachtfalter auffliegen und hastig das Weite suchen. Die Hausmutter sucht nämlich tagsüber gern Grasbüschel oder andere bodennahe Schlupfwinkel auf, kann aber auch den Weg ins Haus finden, wenn ein Fenster gekippt war. Wenn man sie in ruhiger Position sieht, ist sie in ihrem braungesprenkelten Kleid eher unauffällig, aber bei Gefahr zeigt sie ihre gelben Hinterflügel, um auf diese Weise mögliche Feinde abzuschrecken.

Die grüne und unbehaarte Raupe ist relativ groß, bis zu 55 Millimeter, und ernährt sich von einer Reihe unterschiedlicher Pflanzen. Die Raupe überwintert im Boden und verpuppt sich dort im Frühling, woraufhin im Frühsommer die erwachsenen Schmetterlinge schlüpfen. Diese suchen in Spätsommernächten gerne nektarreiche Pflanzen im Garten auf.

Bei Gefahr kann die Hausmutter ihre gelben Hinterflügel zeigen, um auf diese Weise mögliche Feinde abzuschrecken.

Mittlerer Weinschwärmer
Deilephila elpenor

* Flügelspannweite: bis zu 70 mm
* ein recht verbreiteter Schwärmer, der gern Gärten besucht
* aufsehenerregend große Raupe

Dieser Schwärmer ist als vollständig entwickelter Schmetterling nicht so groß wie der Ligusterschwärmer, aber seine Raupe ist aufsehenerregend! Sie wird fast zehn Zentimeter lang, ist schokoladenbraun bis schwarzbraun gefärbt und hat am Vorderleib ein Paar helle Augenflecken. Diese werden als Abschreckungszeichnung genutzt – wenn die Raupe bedroht wird, „bläst" sie den Vorderleib auf, sodass sich die Augenflecken vergrößern. Dann gleicht sie fast einer Schlange! Die Raupe findet man im Spätsommer insbesondere an Zottigen und Schmalblättrigen Weidenröschen. Der erwachsene Schmetterling sucht gern Heckenkirschen und Fliedersträucher im Garten auf und ist vorwiegend nachtaktiv.

Die Lieblingspflanze des Mittleren Weinschwärmers ist das Zottige Weidenröschen.

Der vollständig entwickelte Schmetterling erreicht nicht die Größe des Ligusterschwärmers, ist aber hübsch in Rosa und Olivgrün gezeichnet. Er fliegt nachts von Mitte Mai bis Juli.

Die große dunkelbraune Raupe kann man vor allem an Zottigen und Schmal-blättrigen Weidenröschen beobachten, sie ernährt sich aber auch von ande-ren Pflanzenarten.

Pappelschwärmer Laothoe populi

* Flügelspannweite: ca. 90 mm
* verbreitet, aber oft schwer zu beobachten
* nachtaktiv, besucht keine Blüten

Der Pappelschwärmer ist recht häufig, kommt aber nicht in unsere Gärten, um Blüten zu besuchen. Der erwachsene Schmetterling frisst nämlich während seiner Lebenszeit nichts, sondern sucht nur Plätze, an denen er seine Eier ablegen kann. Die Raupe ist nicht sehr spezialisiert und kann sich von den meisten Pappel- und Weidenarten ernähren. Die Verpuppung findet wie bei anderen Schwärmern im Herbst in der Erde statt, worauf der frisch geschlüpfte Schmetterling im folgenden Frühling und Sommer fliegt.

Der vollständig entwickelte Schmetterling besitzt eine raffinierte Tarnzeichnung und fransige Flügel.

Die Puppe hat eine harte Hülle, die braunlila gefärbt ist.

Die Raupe ähnelt der des Ligusterschwärmers.

Breitflügeliger Fleckleibbär
Spilosoma lubricipeda

* Flügelspannweite: ca. 40 mm
* häufig in Gärten anzutreffen

Der Breitflügelige Fleckleibbär ist ein ziemlich häufiger, kleiner Nachtfalter. Mit seinen schwarzen Punkten und dem flauschigen weißen „Pelz" ist er unverkennbar. Dieser hat ihm auch seinen englischen Namen beschert: „Ermine", was Hermelin bedeutet und sich auf die Mäntel bezieht, die früher von Königen getragen wurden. Sein lateinischer Artname beschreibt hingegen eine Eigenschaft der behaarten Raupe. *Lubricipeda* bedeutet nämlich, dass sie „auf den Füßen fließt", und wenn man eine Raupe des Breitflügeligen Fleckleibbären sieht, die irgendwohin unterwegs ist, versteht man diese Namenswahl. Sie kann sich sehr schnell fortbewegen, und falls sie gestört werden sollte, rollt sie sich zusammen und stellt sich tot.

Die Raupe ernährt sich von einer Vielzahl unterschiedlicher Pflanzen, gibt sich aber oft mit verbreiteten Arten, wie Brennnesseln, Löwenzahn und Breitwegerich, zufrieden. Den Winter verbringt sie als Puppe, und der vollständig ausgebildete Schmetterling schlüpft im darauf folgenden Sommer.

Die Raupe ist stark behaart und hat eine „fließende" Fortbewegungsart.

Brauner Bär Arctia caja

* Flügelspannweite: bis zu 70 mm
* groß und kontrastreich
* stark behaarte Raupe

Trotz seines etwas exotischen Äußeren ist der Braune Bär ein in unseren Gärten recht häufiger Nachtfalter. Am wohlsten fühlt er sich in dicht belaubten Umgebungen, in denen er während der hellen Stunden des Tages Schutz finden kann, gern hinter Efeu und anderen Kletterpflanzen, aber manchmal findet man ihn auch in seinem Tagesversteck im Rasen. Wenn man das Gras nicht zu häufig mäht, sondern etwas länger wachsen lässt, wird man bemerken, dass es ein bei Braunen Bären und anderen Nachtfaltern beliebtes Versteck ist.

Das Aussehen der Braunen Bären variiert; keiner sieht aus wie der andere. Sowohl die Größe als auch die Farbzeichnung der Flügel sind individuell verschieden. Die Zeichnung fungiert eher als abschreckende Fressfeindabwehr denn als Tarnung. Wenn ein in Ruhe befindlicher Brauner Bär beispielsweise von einem Vogel angegriffen wird, zeigt er als Erstes seine Hinterflügel, die den Vogel mit ihrer markanten Zeichnung dazu bringen sollen, es sich anders zu überlegen. Sollte dies nicht helfen, sondert der Schmetterling aus dem Vorderleib ein stark riechendes gelbliches Sekret ab.

Die Raupe ist durch die starke Behaarung (die der Art auch ihren Namen gegeben hat) geschützt, die viele Feinde abzuschrecken scheint. Sie ernährt sich von einer Vielzahl unterschiedlicher Nahrungspflanzen, und man kann sie unter anderem an Beerensträuchern, Löwenzahn und Kleepflanzen finden.

Der Braune Bär überwintert als Raupe und verpuppt sich im folgenden Frühsommer. Im Juli bis August entwickelt er sich dann zum Schmetterling und beginnt zu fliegen.

Farbe und Zeichnung der Flügel des Braunen Bären können von Tier zu Tier variieren. Das Aussehen beider Geschlechter ist gleich, aber das Weibchen ist im Allgemeinen etwas größer als das Männchen.

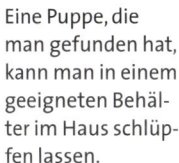

Die Raupe des Braunen Bären ist stark behaart, und man findet sie an einer Vielzahl unterschiedlicher Nahrungspflanzen.

Eine Puppe, die man gefunden hat, kann man in einem geeigneten Behälter im Haus schlüpfen lassen.

Gemeine Wespe Paravespula vulgaris

* Länge: ca. 20 mm
* sehr weit verbreitet
* nützlich als Fressfeind von Schadinsekten

Von den zwölf Arten von sozialen (Staaten bildenden) Wespen, die bei uns vorkommen, sind einige häufiger als andere. Die Gemeine Wespe und die Deutsche Wespe sind zwei davon, und beide Arten bauen ihr Nest ebenso gern frei hängend an einem Gebäude wie in einem verlassenen Wühl-mausloch in der Erde. Der Name „Erdwespe" beschreibt also keine spezielle Art, sondern ist nur eine Bezeichnung für Wespen, die sich entschieden haben, ihren Staat unter der Erde anzulegen.

Die Lebensweise der Wespen ist derjenigen der Hornissen sehr ähnlich, mit dem Unterschied, dass die kleineren Arten oft deutlich größere Staaten bilden und „aufdringlicher" sein können. Alle Wespen können schmerzhafte Stiche austeilen (mit Ausnahme der Männchen, die stachel-los sind), und weil sie ihren Stachel beim Stechen nicht verlieren, können sie anders als Bienen mehrmals zum Angriff übergehen. Der Stachel wird sowohl als Verteidigungswaffe gegen Eindringlinge, die dem Staat zu nahe kommen, als auch als Jagdwaffe eingesetzt, mit der die Arbeiterwespen Beutetiere töten, mit denen die Larven des Staates gefüttert werden.

In freier Natur bauen die Wespen ihr Nest gern in einem Strauch.

Gemeine Wespe   Deutsche Wespe

Am einfachsten unterscheidet man die Gemeine Wespe durch die schwarze Stirnzeichnung von der Deutschen Wespe. Bei der Gemeinen Wespe ist die Zeichnung hammerförmig, während die Deutsche Wespe drei schwarze Punkte hat.

Auch die Zeichnung am Hinterleib ist anders, und den deutlichsten Unterschied bilden die Längsstriche, die bei der Deutschen Wespe markanter sind als bei der Gemeinen Wespe.

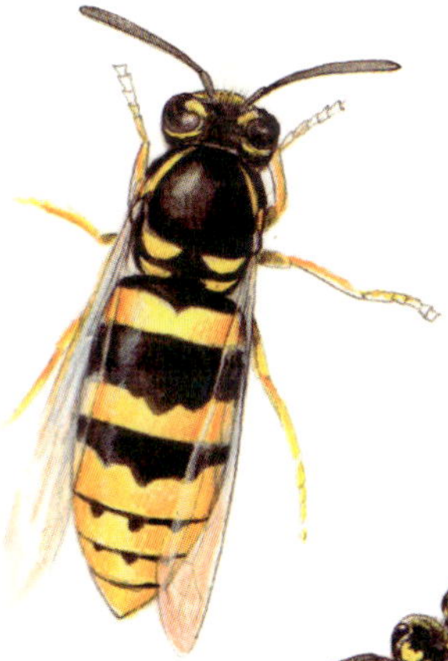

Hornisse Vespa crabro

* Länge: bis zu 35 mm
* eine sehr große und sanftmütige Wespe
* tritt außerhalb des Nests meistens nur einzeln auf
* nicht mehr flächendeckend verbreitet

Die Hornisse ist unsere größte Wespenart und pflegt den meisten, denen sie nahe kommt, einen Schrecken einzujagen. Aber eigentlich ist sie gar nicht so gefährlich wie ihr Ruf, und ihr Gift ist nicht stärker als das ihrer kleineren Verwandten. Außerdem ist sie in der Regel vom Wesen her ruhiger und einfacher zu erkennen, wenn sie angeflogen kommt. Bei ihrem Nest, das so groß wie ein Fußball sein kann, ist sie aggressiver und verteidigt es vehement. Meist wird das Nest jedoch in einem hohlen Baum angelegt, und es ist eher die Ausnahme, dass sich die Hornisse in Gebäude begibt. Dagegen kann sie Vogelnistkästen in Beschlag nehmen, wenn es an hohlen Laubbäumen mangelt, und pflegt dann den gesamten Kasten für sich zu beanspruchen, sodass sogar das Einflugloch zugemauert wird und nur eine kleine Einflugöffnung für die Hornissen selbst bleibt.

Das Hornissenjahr beginnt im April bis Mai, wenn sich überwinterte und befruchtete Königinnen auf die Suche nach einer Nisthöhle machen, in der sie ihre ersten Eier legen können. Aus diesen entwickeln sich unfruchtbare Weibchen, die zu Arbeiterinnen des Staates werden. Mit zunehmender Zahl schlüpfender Arbeiterinnen kann sich die Königin ganz der Eiablage widmen. Die Arbeiterwespen versorgen die Larven des Staates mit Nahrung und unternehmen regelrechte Jagdausflüge in der Nachbarschaft. Bei ihrer Beute kann es sich um fast jedes beliebige Insekt handeln, das mithilfe des langen Stachels getötet und dann zerkaut wird, bevor die Larven damit gefüttert werden. Bei ihrer eigenen Nahrung geben sich die erwachsenen Hornissen in der Regel mit Pflanzensäften, Früchten, Beeren oder Nektar zufrieden.

Im Spätsommer entwickelt sich ein Teil der Larven zu Männchen und neuen Königinnen, die das Nest verlassen und sich paaren. Wenn die Männchen und die Arbeitswespen ihr Werk für die Saison getan haben, sterben sie im Herbst, und nur befruchtete Weibchen überleben bis zum nächsten Jahr. Diese legen dann ein neues Nest an, während das alte aufgegeben wird.

Die Hornisse ist nicht nur größer als sämtliche anderen mitteleuropäischen Wespen, sondern sie hat oft auch einen rotbraunen Farbton, den man im Flug erkennen kann.

Wenn es an hohlen Bäumen mangelt, können die Hornissen stattdessen einen Vogelnistkasten in Beschlag nehmen.

Die Arbeiterwespen jagen Insekten, die sie dann ins Nest bringen, um mit ihnen die Larven des Staates zu füttern.

Gartenhummel Bombus hortorum

* Länge: bis zu 25 mm
* eine große und kräftige Hummel
* im Garten verbreitet

Es gibt mehrere große Hummelarten, die einander ziemlich ähnlich sind. Von diesen ist die Gartenhummel die häufigste, und sie lässt sich beispielsweise von der Hellgelben Erdhummel am einfachsten dadurch unterscheiden, dass sie an der Verbindungsstelle von Hinter- und Mittelleib ein breites gelbes Band hat. Außerdem ist ihr Körper oft ziemlich lang gestreckt und nicht so gedrungen wie bei vielen kleineren Hummelarten.

Wie andere Hummeln hat auch die Gartenhummel an den Beinen Pollenkörbchen, in denen sie Pollen von verschiedenen Pflanzen sammelt. Die Hummeln können zwar als sehr schwerfällige Flieger erscheinen, besitzen dafür aber die Fähigkeit, große Mengen Pollen zu transportieren. Diesen bringen sie zu ihrem Nest, wo er als Nahrung für die Larven dient.

Die Gartenhummel ist eine der größten Hummelarten. Am leichtesten kann man sie mit der Erdhummel verwechseln, aber sie hat in der Körpermitte ein breites gelbes Band, das bei der Erdhummel fehlt.

Die Gartenhummel fliegt trotz ihres großen Körpers und der oft schweren Pollenlast gut.

Die Königin kümmert sich fürsorglich um ihre Nachkommen und kann, wenn das Wetter kälter wird, sogar ihre Eier und Larven „bebrüten", indem sie mit den Flügelmuskeln vibriert, um Wärme zu erzeugen.

Weitere Hummeln

Ackerhummel   Wiesenhummel   Hellgelbe Erdhummel   Steinhummel

Es gibt eine Vielzahl unterschiedlicher Hummeln, die in unseren Gärten auftauchen können. Unter den 36 verschiedenen Hummelarten im Land gehören die hier abgebildeten zu den häufigsten. Die Artzusammensetzung beruht in der Hauptsache auf der umgebenden Natur und darauf, in welchem Umfang die Hummeln ihre Lieblingsnahrung und die von ihnen bevorzugte Art von Nisthöhlen finden können. Eine Gemeinsamkeit der sozialen Hummeln der Gattung *Bombus* ist, dass sie in Staaten leben (wie Honigbienen und Wespen), die vor allem aus einer Königin und ihren Arbeiterinnen bestehen.

Der Lebenszyklus der Hummeln beginnt damit, dass sich eine befruchtete und überwinterte Königin im Frühling einen Hohlraum unter der Erde sucht, in dem sie ihre Eier legt. Aus diesen Eiern werden nach einigen Wochen Arbeiterinnen, und diese übernehmen die Aufgabe des Pollen- und Nektarsammelns, damit sich die Königin darauf konzentrieren kann, weitere Eier zu legen. Aus einem Teil der Eier entwickeln sich im Sommer neue Königinnen und Männchen, die sich paaren, damit die nächste überwinternde Generation von Königinnen neue Staaten bilden kann. Sowohl die Arbeiterinnen als auch die Männchen sterben, wenn der Sommer vorüber ist. Genau wie Bienen und Wespen haben Hummeln einen Stachel, aber ihr Gift ist schwächer, und sie stechen eher selten zu.

Westliche Honigbiene Apis mellifera

* Länge: ca. 20 mm
* lebt sozial in großen Staaten
* sehr wichtiger Bestäuber
* kommt gelegentlich noch verwildert vor

Die Honigbiene ist wahrscheinlich das wirtschaftlich wichtigste Insekt der Welt. Die Arbeit, die Bienen in Kulturlandschaften, Obstgärten und Pflanzungen verrichten, wird oft stark unterschätzt. In einigen Ländern (vor allem in den USA) hat man jedoch in jüngerer Zeit begonnen, einen starken Rückgang der Ernteerträge festzustellen, weil die chemische Bekämpfung von Schadinsekten auch die Honigbienen gefährdet. Auch in unserem Land wird kräftig dafür geworben, dass dem Trend der zurückgehenden Imkerzahl Einhalt geboten werden müsse.

Von Natur aus sind die Honigbienen nur solange zahm, wie der Staat gepflegt wird, aber wenn wir ihre Arbeit ausnutzen und ihnen ihren Honig wegnehmen, sind sie auf uns angewiesen, um den Winter zu überleben. Lässt man einen Staat „verwildern", ohne den Honig zu entfernen, können die Bienen überwintern und zum Beispiel in einem Bienenkorb noch mehrere Jahre weiterleben. Eine Gefahr für die Honigbiene ist jedoch die Varroamilbe, *Varroa destructor,* die Bienen befällt und die Produktivität des Staates verringern kann, sodass er zusammenzubrechen droht.

Der Staat besteht – wie bei Ameisen, sozialen Wespen und Hummeln – aus einer Königin, die von Arbeiterbienen weiblichen Geschlechts und Drohnen (Männchen) unterstützt wird. Die Arbeiterbienen stellen den größten Teil der Tiere eines Staates, und sie sind es, die die Aufgabe des Pollen-, Nektar- und Wassersammelns übernehmen. Außerdem füttern sie die Larven in den Zellen der Honigwaben und kümmern sich um alle Tätigkeiten des Staates. Ein Staat von normaler Größe besteht aus zehntausenden Bienen, die alle von ein und derselben Königin geboren wurden. Sie soll in ihrem Leben bis zu einer halben Million Eier produzieren können!

Rosen-Blattschneiderbiene
Megachile centuncularis

* Länge: ca. 10 mm
* allein lebend
* baut in Hohlräumen Zellen aus Blattstücken
* besucht in einem großen Teil des Landes Gärten

Die Rosen-Blattschneiderbiene ist eine der häufigsten solitären Bienen, die unsere Gärten besuchen. Wie die Rote Mauerbiene lebt sie allein und legt ihre Eier in kleine Hohlräume. Aber im Unterschied zur Mauerbiene legt sie die Nesthöhle mit Blattstücken aus, die geschickt aus Blättern genagt wurden – ihre Zuordnung zu den sogenannten Blattschneider- oder Tapezierbienen erklärt sich mit diesem Wissen von selbst. Die ausgenagten Stücke sind oft rund oder oval, und wenn man im Garten Besuch von einer Blattschneiderbiene hat, können einige Sträucher und Bäume an ihren Blättern solche Schäden aufweisen. Die Nützlichkeit der Bienen als Bestäuber überwiegt jedoch den Schaden, und man kann sie einladen, sich in „Bienenhotels" niederzulassen (siehe Seite 14), um den örtlichen Bestand zu vergrößern.

Die Blattschneiderbienen nagen aus Blättern Stücke heraus, mit denen sie dann in einem Hohlraum ihre Nester bauen.

Wenn man eine Blattschneiderbiene zu Besuch hat, weisen die Blätter oft akkurate Ausschnitte auf.

Rote Mauerbiene Osmia rufa

* Länge: ca. 10 mm
* lebt allein
* nistet in Hohlräumen
* die häufigste Mauerbiene des Landes

Die Rote Mauerbiene gehört zu den solitären Bienen, die allein leben und ihre Larven ohne Hilfe eines Staates ernähren. Sie ist eine unserer häufigsten Bienen und lässt sich gern in Hohlräumen von Mauern und Wänden sowie anderen geeigneten Höhlungen im Garten nieder. Das Weibchen sammelt Nahrung, die es in einem Hohlraum lagert, woraufhin es dort seine Eier legt und die Öffnung zumauert. Wenn die Larven geschlüpft sind, leben sie von dem Essensvorrat und verpuppen sich anschließend zum Überwintern. Erst im darauffolgenden Jahr nagen sie sich aus ihrer Zelle heraus.

Wenn man möchte, kann man diese Biene unterstützen, indem man „Bienenhotels" einrichtet, beispielsweise in Form von Schilf- oder Bambusrohren oder eines Holzstücks mit vorgebohrten Löchern, die sie belegen kann (mehr dazu auf Seite 14). Die Rote Mauerbiene besucht gern die Pflanzen des Gartens und ist nützlich als Bestäuber von Blumen, Obstbäumen und Beerensträuchern.

Gemeine Goldwespe Chrysis ignita

* Länge: ca. 10 mm
* gehört einer Gruppe sehr bunter Hautflügler an
* parasitäre Larve

Die Familie der Goldwespen enthält einige wirklich ins Auge fallende Arten. Die Gemeine Goldwespe ist eine von ihnen und außerdem ein recht häufiger Gartengast. Die Goldwespen weichen vor allem dadurch von anderen Hautflüglerarten ab, dass sie äußerlich eher Fliegen ähneln – auch wenn sie, wie andere Angehörige der Ordnung *Hymenoptera* (zu der auch Hummeln, Bienen und Wespen gezählt werden), zwei Flügelpaare hat, während die Fliegen nur eines besitzen. Diese spezielle Art zeichnet sich auch durch kräftige Farben aus, die einen sehr metallischen Charakter haben und im Sonnenlicht schimmern.

Die Gemeine Goldwespe ist ein Schmarotzer, dessen Larven als Parasiten in den Larven solitärer (allein lebender) Bienen und Wespen leben. Das erwachsene Insekt ist jedoch Vegetarier und ernährt sich von Pollen und Nektar. Wenn sich die Goldwespe in das Nest der Wirtsart schleicht, um dort ihre Eier zu legen, wird sie zum einen durch ihren sehr harten Hautpanzer geschützt, zum anderen durch ihre Fähigkeit, sich zusammenzurollen, um ihre weichere Unterseite zu schützen.

Die Ordnung *Hymenoptera* ist in ihren Körperformen und Farben sehr vielgestaltig. Eine Gemeinsamkeit vieler Hautflügler ist, dass ihre Larven als Parasiten in Larven anderer Arten leben.

Gemeine Sandwespe
Ammophila sabulosa

* Länge: Männchen ca. 15 mm, Weibchen ca. 25 mm
* kommen in zahlreichen Formen und Farben vor
* verbringt Larvenstadium als Parasit in anderen Insektenlarven

Die größte heimische Sandwespe ist die Gemeine Sandwespe. Man erkennt sie leicht an ihrer schlanken Körperform, die in Schwarz und Orange gezeichnet ist. Wie bei anderen Hautflüglerarten auch leben ihre Larven als Parasiten in den Larven anderer Insekten; die Gemeine Sandwespe wählt hierfür vorwiegend verschiedene Schmetterlingsraupen.

Die gesamte Eiablageprozedur ist eine komplizierte Geschichte, die damit anfängt, dass das Wespenweibchen an einer sandigen Stelle ein Loch gräbt. Danach begibt es sich auf die Suche nach einer geeigneten zu erbeutenden Raupe. Wenn es eine gefunden hat, versetzt es ihr einen Stich mit seinem Stachel, wodurch die Raupe gelähmt, aber nicht getötet wird. Dann bringt sie – abwechselnd ziehend und fliegend – die Raupe in das bereits vorbereitete Nestloch. Geschickt manövriert sie die Raupe hinunter in die kleine Kammer und legt auf ihrem Opfer ein Ei. Wenn später aus dem Wespenei eine kleine Larve schlüpft, beginnt diese, sich durch die noch lebende Schmetterlingsraupe zu fressen, die folglich als frischer Essensvorrat dient, bis sich die Wespenlarve verpuppt. Bemerkenswerterweise gibt es bestimmte andere Hautflüglerarten, die wiederum Parasiten der Larven der Gemeinen Sandwespe sind – also kann man sich in der Welt der Hautflügler auf niemanden verlassen!

In der großen Gruppe der Grabwespen kommt eine Vielzahl von Anpassungen an unterschiedliche Arten von Wirtstieren vor, und während sich einige auf verschiedene Formen von Schmetterlingsraupen spezialisiert haben, leben andere als Parasiten von Spinnen, Grashüpfern, Wanzen oder anderen Hautflüglern. Die Vielfalt ist groß, und auch das Aussehen der vollständig entwickelten Insekten variiert von sehr schmalen Formen bis zu wespenähnlicheren.

Das Sandwespenweibchen hat eine Schmetterlingsraupe gefunden, die es zu seinem Nestloch schleppt, ...

... woraufhin es sie darin verstaut und die Öffnung abdeckt.

Im Innern des Nestes schlüpft dann aus dem Ei die kleine Wespenlarve, die beginnt, sich in die gelähmte Schmetterlingsraupe hineinzufressen.

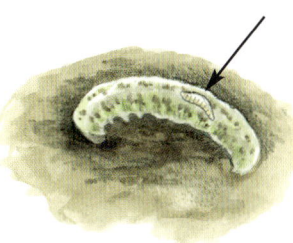

Hainschwebfliege Episyrphus balteatus

* Länge: ca. 10 mm
* kann in der Luft stillstehen
* ähneln Wespen oder imitieren Hummeln oder Bienen

Die große Gruppe der Schwebfliegen ist in unserem Land mit circa 450 Arten vertreten. Sie gehören alle der Familie *Syrphidae* an und weisen eine recht große Vielgestaltigkeit im Aussehen auf. Gemeinsam zeichnen sie sich durch ihr fantastisches Flugvermögen aus sowie durch die Angewohnheit, oft anzuhalten und über Blumen, zu denen sie sich hingezogen fühlen, zu schweben oder zu „stehen". Die Schwebfliegen ernähren sich zum großen Teil von Nektar und Pollen, aber einige Arten haben Larven, die im Kampf gegen Blattläuse nützlich sind. Die Larven anderer Arten leben im Wasser und verlassen dieses erst, wenn die Verpuppung und Entwicklung zur Imago (dem ausgewachsenen Insekt) bevorsteht. Die Mistbiene *Eristalis tenax* ist hier ein Beispiel: Die Larve, die oft als „Rattenschwanzlarve" bezeichnet wird, hat ein Atemrohr, das mehr als zehn Zentimeter lang werden kann, und lebt im Bodenschlamm von Teichen.

Viele Schwebfliegen zeichnen sich dadurch aus, dass sie sich der Mimikry als Schutz bedienen, was bedeutet, dass sie durch ihre Farben das Aussehen anderer Insekten nachahmen. Schwebfliegen ähneln oft Wespen, damit ihre Fressfeinde glauben, sie hätten einen Stachel, mit dem sie sich verteidigen können. In Wirklichkeit sind die Schwebfliegen ganz harmlos, und man braucht keine Angst zu haben, gestochen zu werden.

Eine der häufigsten Arten, die unsere Gärten besuchen, ist die wespenfarbige Hainschwebfliege, die unter anderem auch dafür bekannt ist, dass sie lange Massenwanderungen unternimmt, wenn aufgrund großer Blattlausvorkommen zahlreiche Larven überleben. In einem Fall brach in Südengland Panik aus, als Millionen von Schwebfliegen vom Kontinent herüberflogen und die Badestrände erreichten.

In unserem Land kommt eine große Zahl von Schwebfliegenarten vor, die mehr oder weniger schwarzgelb gestreift sind.

Als Gartenbewohner haben die Schwebfliegen einen hohen Wert, da sie zum einen ausgezeichnete Bestäuber sind und zum anderen ausgerechnet Blattläuse fressen. Trotz ihrer guten Tarnung lassen sich die Schwebfliegen von den Wespen unterscheiden. Einige wichtige Unterscheidungsmerkmale sind:

- Schwebfliegen haben keine deutliche Taille zwischen Hinter- und Mittelleib.
- Sie schweben ungehindert in der Luft und können dort völlig still-stehen.
- Sie haben nur zwei Flügel (im Unterschied zu den vier Flügeln der Wespen).
- Ihr Körper ist im Allgemeinen deutlich kleiner und flacher als der einer Wespe.

Die Schwebfliegen unterscheiden sich dadurch von Wespen, dass sie nur ein Paar Flügel haben, ihr Körper flacher ist und sie keine deutliche Taille haben.

Dank ihrer großen Augen können die Schwebfliegen sehr gut sehen und dadurch Feinde meiden, die sich nicht durch ihre schützenden Farben täuschen lassen.

Weißbandschwebfliege
Leucozona lucorum

* Länge: ca. 12 mm
* eine ziemlich große und klobige Schwebfliege
* deutlich gezeichnet mit dunklen Flecken auf den Flügeln

Diese Schwebfliege hat eine etwas klobigere Form als die kleineren und oft schwarz-gelb gestreiften Arten. Außerdem ist sie, wie beispielsweise auch die Hummel-Waldschwebfliege *Molycella bombylans,* die ihr im Aussehen sehr ähnlich ist, eher ein seltener Gast in unseren Gärten, obwohl sie örtlich recht verbreitet vorkommen kann. Kennzeichnend für die Art sind das helle Band über dem vorderen Teil des Hinterleibs sowie die deutlichen dunklen Flecken auf den Flügeln. Wie andere Schwebfliegen auch sucht sie die Pollen- und Nektarvorräte der Blüten auf, und vor allem bei warmem und sonnigem Wetter scheint der Blütenduft für diese Fliegen unwiderstehlich zu sein. Die Larve ist als Fressfeind von Blattläusen nützlich.

Von oben gesehen sind das helle Band in der Körpermitte sowie die dunklen Flügelflecken arttypisch.

Gemeine Skorpionsfliege
Panorpa communis

* Flügelspannweite: ca. 30 mm
* ein großes und bunt gezeichnetes Insekt
* Männchen mit deutlichem „Skorpionschwanz"

Einer der ausgefalleneren Gäste im Garten ist die Skorpionsfliege. Dieses absonderliche Insekt ist einer von lediglich fünf Vertretern der Familie der Skorpionsfliegen in unserem Land, und am häufigsten ist die hier abgebildete Art. Diese erregt durch das klauenförmige, aber harmlose Greiforgan an ihrem Hinterleib Aufsehen. Es wird oft in einem über dem Rücken aufgestellten Bogen gehalten, weshalb die Art den Namen Skorpionsfliege erhalten hat. Die Klaue ist lediglich ein Hilfsmittel, mit dem die Männchen während der Paarung die Weibchen festhalten. Abgesehen von diesem Werkzeug ist das Weibchen identisch mit dem Männchen.

Die Skorpionsfliege ernährt sich von toten oder sterbenden Insekten sowie von Pflanzensäften. Die Larve erinnert an eine kleine graubraune Schmetterlingsraupe und lebt räuberisch im Erdboden.

Die Männchen haben an der Spitze des Hinterleibs eine aufsehenerregende Klaue, die verwendet wird, um während der Paarung die Weibchen festzuhalten.

Gemeine Florfliege Chrysoperla carnea

* Flügelspannweite: ca. 25 mm
* nützlich gegen Blattläuse
* in den meisten Gärten verbreitet

Die Gemeine Florfliege (manchmal auch Grüne Florfliege genannt) ist den meisten wohlbekannt, die in den Sommernächten ein Fenster gekippt zu lassen pflegen oder sich die Ecken des Kinderspielzimmers näher angesehen haben. Sie hat nämlich eine Vorliebe für Häuser und Gebäude, und oft entdeckt man erst dort, wie viele dieser Netzflügler es in der Nachbarschaft eigentlich gibt. Die Besuche sind jedoch eine durchaus positive Angelegenheit, da die Gemeine Florfliege ein Verbündeter im Kampf gegen Blattläuse ist. Die erwachsene Florfliege begnügt sich zwar oft damit, lediglich deren Honigtau zu melken, doch die Larve, auch „Blattlauslöwe" genannt, ist ein gefräßiger Räuber, der sich gern durch Blattlauskolonien hindurchfrisst. Um nicht von Fressfeinden, wie etwa Vögeln, entdeckt zu werden, heftet sich die Larve die Leichen ihrer Opfer auf ihrem Rücken und bekommt dadurch eine immer bessere Tarnung!

Die Gemeine Florfliege überwintert gern im Haus und nimmt dann eine bräunlichere Farbe an. Die grüne Farbe kehrt wieder, wenn sie im folgenden Frühling zum Leben erwacht, um Eier zu legen und eine neue Generation entstehen zu lassen.

Riesenschnake Tipula maxima

* Flügelspannweite: ca. 60 mm
* unsere größte Schnake
* in Waldgebieten und Gärten verbreitet

Von den vielen verschiedenen Schnakenarten Deutschlands ist diese unsere allergrößte. Man findet sie oft im Garten, wo sie nach Schnakenart ein wenig schwankend umherfliegt oder sich an einer Blüte festklammert. Von ihren nächsten Verwandten unterscheidet man die Riesenschnake am einfachsten durch ihre Größe und ihre gefleckten Flügel mit braunen Feldern. Obwohl sie zur Unterordnung der Mücken gehört, ist sie völlig ungefährlich, und der einzige Schaden, den Schnaken anrichten, besteht darin, dass sich die Larven einiger Arten von Graswurzeln ernähren. Die Larve der Riesenschnake fühlt sich in Wassernähe am wohlsten, und wenn man einen Gartenteich hat, kann man sehen, wie das Weibchen direkt am Uferrand, wo die Erde feucht ist, Eier legt. Die erwachsene Schnake fliegt den ganzen Sommer lang, und vor allem von August bis September kommt sie in unsere Häuser, weil sie vom Licht angezogen wird.

Schwarze Wegameise Lasius niger

* Länge: 5 – 9 mm
* in Gärten sehr verbreitet
* schwärmt in der Regel im Hoch- und Spätsommer

Die Schwarze Wegameise, manchmal auch Schwarze Gartenameise genannt, ist die häufigste Ameisenart in unseren Gärten. Sie ist eine unverkennbare kleine schwärzliche Ameise, die oft in Trockenmauern, sandigen Rasenhöckern oder an anderen Stellen vorkommt, an denen sie ihr Nest bauen kann (manchmal auch im Haus). Die durchschnittliche Größe eines Staates beträgt circa 5000 Arbeiterinnen, und in jeder Kolonie gibt es nur eine Königin, die Eier legt. Dafür kann sie sehr alt werden – es ist von Königinnen berichtet worden, die zwölf Jahre alt wurden –, sodass die Schwarze Wegameise, wenn sie sich einmal erfolgreich angesiedelt hat, lange bleiben kann. Den größten Ärger verursachen die Ameisen den Menschen am Ende des Sommers, wenn sie schwärmen, doch im Übrigen richten sie keinen nennenswerten Schaden an. Während des Schwärmens fliegen mit Flügeln versehene Männchen und zukünftige Königinnen massenweise aus, um sich zu paaren und neue Orte zu finden, an denen sie eine Kolonie gründen können. Nach der Paarung verliert das Weibchen (die Königin) seine Flügel und sucht sich einen neuen Nistplatz. Zur Verteidigung beißt die Schwarze Wegameise, aber in der Regel spürt man dies nicht, da ihre Kiefer nur schwach ausgebildet sind und unsere Haut nicht durchbeißen können.

Die Schwarze Wegameise „melkt" gern Blattläuse, sodass diese ihren Honigtau absondern. Da dieser eine bei Ameisen sehr beliebte Speise ist, verteidigen sie die Blattläuse oft gegen Angriffe beispielsweise von Marienkäfern.

Während des Schwärmens fliegen geflügelte Weibchen (zukünftige Königinnen) und Männchen aus dem Ameisenhaufen heraus, um sich zu paaren.

Rote Gartenameise
Myrmica rubra

* Länge: 5 – 7 mm
* kleine gelbbraune Ameisen, die Stachel besitzen
* können beispielsweise im Rasen ein Problem sein

Die Roten Gartenameisen gehören zur Gattung *Myrmica,* die in Mitteleuropa mit etwa 18 Arten vertreten ist, welche untereinander schwer zu unterscheiden sein können. Was wir als „pinkelnde" oder „giftige" Ameise bezeichnen, ist oft eine dieser ziemlich aggressiven Arten, die dadurch gekennzeichnet sind, dass sie brennende und schmerzhafte Stiche austeilen können. Sie sind meist weniger im Garten verbreitet als die Schwarze Wegameise, können aber zahlreich im Rasen vorkommen und dort Probleme bereiten.

Die Staaten sind in der Regel nicht groß und bestehen oft nur aus einigen hundert Arbeiterinnen. Dafür kann aber beispielsweise ein Rasen von mehreren verschiedenen Kolonien, die dann praktisch „Wand an Wand" leben, dicht besiedelt sein. Rote Gartenameisen können schwärmen, wenn auch selten in solchen Mengen wie die Schwarzen Wegameisen.

Eine typische rote Ameise ist klein, gelbbraun und im Vergleich zur schwarzen Ameise eher langsam.

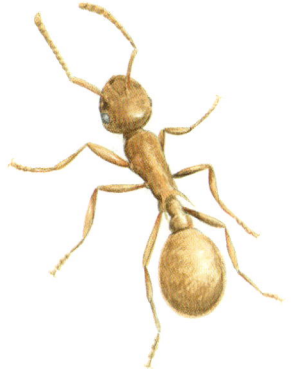

Beerenwanze Dolycoris baccarum

* Länge: ca. 10 mm
* in den meisten Gärten verbreitet
* ernährt sich von Pflanzensaft

Die Beerenwanzen gehören zur Unterordnung der Wanzen, und innerhalb dieser Gruppe gibt es sowohl Räuber als auch Pflanzenfresser. Die Beerenwanze ernährt sich jedoch ausschließlich von Pflanzensaft, den sie durch ihren langen Stechrüssel einsaugt, mit dem sie Blätter und Stängel punktieren kann. Durch den dabei abgesonderten Speichel werden die Beeren für Menschen ungenießbar.

Die Beerenwanzen machen eine sogenannte unvollständige Entwicklung durch. Vollständig ausgebildete Beerenwanzen haben Flügel und fliegen ziemlich gut.

Oft findet man die Beerenwanzen, wenn man Himbeeren oder Blaubeeren pflückt.

Der Stechrüssel kann in eine Kerbe unter dem Körper eingeklappt werden.

Während der Paarung können die Beerenwanzen mehrere Stunden lang zusammensitzen.

Grüne Stinkwanze

Palomena prasina

* Länge: ca. 12 mm
* in Gärten relativ verbreitet

Die Grüne Stinkwanze ist eine häufige Art, der man oft im Garten begegnet. Ihren Namen hat sie daher, dass sie eine übelriechende Flüssigkeit von sich geben kann, wenn sie gequetscht wird oder sich bedroht fühlt. Dies geschieht oft in Verbindung mit Beerenpflücken! Wie die Beerenwanze lebt sie von pflanzlicher Nahrung. Im späteren Teil des Sommers werden die erwachsenen Tiere dunkler, um von Herbst an in einen mehr braungefärbten Ton überzugehen. Stinkwanzen richten keinen eigentlichen Schaden im Garten an, auch wenn sie sich von Pflanzen- und Beerensäften ernähren.

Die Larven der Grünen Stinkwanze sind oft klein und rundlich und machen mehrere Häutungen durch, bevor sie zu vollständig ausgebildeten Insekten werden. Erst dann sind sie geschlechtsreif und flugfähig.

Zweizähnige Dornwanze (Zweispitzwanze) Picromerus bidens

* Länge: ca. 12 mm
* lebt im erwachsenen Zustand als Räuber
* in vielen Gärten verbreitet

Die Familie der Baumwanzen, zu der auch die Beerenwanze und die Grüne Stinkwanze gehören, beinhaltet auch räuberisch lebende Wanzen. Die Zweizähnige Dornwanze sticht mit ihrem Rüssel andere Insekten und saugt sie aus. Sie ist keine Seltenheit und kann im Garten ein guter Verbündeter im Kampf gegen Schädlinge sein. Von anderen Baumwanzen unterscheidet sich die Zweizähnige Dornwanze durch die Farbe und ihre verlängerten Schulterspitzen. Die Larve ernährt sich vom Saft verschiedener Pflanzen und erreicht im Sommer ihr vollständig ausgebildetes Stadium.

Die Zweizähnige Dornwanze ist ein Räuber, der seine Beute mit dem Rüssel aussaugt.

Gemeiner Weichkäfer Cantharis fusca

* Länge: 11–15 mm
* mittelgroß, langgestreckt und mit langen Fühlern
* in Gärten örtlich sehr verbreitet

Die Weichkäfer sind eine Familie von Käfern, die durch einen länglichen Körper, einen weichen Panzer und lange Fühler gekennzeichnet sind. Mehrere Arten sind sehr häufig, und eine, die sich im Hochsommer in den meisten Gärten einstellt, ist der Gemeine Weichkäfer. Er ist leicht an seinem orangeroten Körper und seinen schwarzen Zeichnungen zu erkennen.

Man findet die Weichkäfer vorwiegend bei sonnigem Wetter, wenn sie, oft in großer Zahl, an Blüten sitzen, die kleine Insekten anziehen. Sie sind Räuber und als solche nützlich im Garten, da sie weniger willkommenes Getier in Schach halten. Die Larven, die schwarz und deutlich gebändert sind, leben den Winter über in der oberen Erdschicht und können bei Tauwetter manchmal unter der Schneedecke hervorkriechen. Dieses Verhalten, das sie davor bewahrt, unter dem Schnee zu ertrinken, kommt zum Frühling hin besonders häufig vor, und die Tiere werden deshalb gemeinhin auch als „Schneewürmer" bezeichnet.

Oft sieht man die Weichkäfer während der Paarung eine ganze Weile aneinandersitzen.

Gemeine Weichkäfer fliegen oft und relativ gut. Dadurch breiten sie sich schnell über große Gebiete aus.

Siebenpunkt-Marienkäfer
Coccinella septempunctata

* Länge: 6–8 mm
* kommt in großer Zahl in Gärten vor, oft dort, wo man auch Blattläuse findet
* Insekt des Jahres 2006

Von unseren etwa 80 verschiedenen Marienkäferarten ist der Sieben-punkt-Marienkäfer einer der bekanntesten. Dank ihres unverwechsel-baren Aussehens lernt man oft schon als Kind, Marienkäfer zu erkennen. Aber es gibt mehrere ähnliche Arten, die entweder mehr oder weniger Punkte haben oder in der Farbe abweichen. Unter bestimmten Bedingun-gen kann der Siebenpunkt-Marienkäfer massenhaft vorkommen und sogar beißen, aber solche Invasionsjahre sind selten und treten in der Regel in Verbindung mit massenhaftem Vorkommen von Blattläusen auf.

Im Garten ist der Marienkäfer durch seine Vorliebe gerade für Blatt-läuse ein wichtiger Verbündeter. Sowohl der erwachsene Käfer als auch die Larve ernähren sich von diesen, und Marienkäfer werden deshalb auch im kommerziellen Anbau zur biologischen Schädlingsbekämpfung eingesetzt. In jüngerer Zeit hat der Harlekin-Marienkäfer, eine asiatische Art, die gezielt zu Bekämpfungszwecken eingesetzt wird, begonnen, sich auf dem Kontinent zu etablieren, und man befürchtet, dass er auf Kosten unserer einheimischen Arten expandieren wird. In den USA, wo er vor Jahrzehnten eingeführt wurde, ist genau dies bereits geschehen.

Der Siebenpunkt-Marienkäfer überwintert als vollständig entwickel-ter Käfer. Er versammelt sich während der Winterruhe oft in Gruppen.

Das Marienkäferweibchen heftet seine gelben Eier an die Unterseite von Blättern.

Namensgeberin des Marienkäfers
ist die Jungfrau Maria.
Dem Siebenpunkt ähnliche Arten
sind der Zehnpunkt-Marienkäfer,
der Zweipunkt-Marienkäfer und
der Augenmarienkäfer.

Man könnte annehmen, dass
es sich bei den weißen Flecken
auf dem Halsschild des Marienkäfers um Augen handele. In
Wirklichkeit sind diese klein
und schwarz und sitzen an der
Seite des kleinen Kopfes.

Die Larve des Marienkäfers hat sechs Beine
und eine deutlich Bänderung. Die Farbe
variiert etwas, aber entlang der Seiten hat
die Larve im Allgemeinen gelbliche Flecken.
Die Larve ist ein gefräßiger Räuber, der sich
vorwiegend von Blattläusen ernährt.

Schnellkäfer Familie Elateridae

* Länge: 10 – 19 mm
* viele verbreitete Arten
* können ernsthafte Schädlinge sein

Schnellkäfer sind eine große Gruppe von Käfern der Familie *Elateridae,* die in Deutschland rund 150 Arten umfasst. Einige Arten leben in Waldgebieten und sind auf faulendes Holz angewiesen, wo sich die Larven entwickeln, andere Arten können in Pflanzungen und Gärten verbreitet sein und dort großen Schaden anrichten. Nicht zuletzt der Saatschnellkäfer wird zu den Insekten gerechnet, die wirtschaftlich am schädlichsten sind. Aber auch in kleineren Pflanzungen kann es durch die Schnellkäferlarven zu Problemen kommen. Diese sind schmal, hartschalig und deutlich gebändert und treten meist in orangefarbenen und gelblichen Tönen auf. Insbesondere auf Kartoffelfeldern können sie eine große Plage sein, doch diese Larven, die manchmal auch als „Drahtwürmer" bezeichnet werden, können sich auch über Möhren, Knollengewächse und andere Wurzeln hermachen. Wenn man unter Schnellkäferlarven zu leiden hat, kann es schwierig sein, ihren Angriff abzuwehren, wenn man sie nicht mit Gift bekämpfen will. Als Grundregel gilt, dass man in der Nähe einer Grasfläche oder auf einer ehemaligen Grasfläche kein Wurzelgemüse anbauen sollte, weil die Schnellkäferlarven oft in diesen Wurzelsystemen vorkommen und deshalb leicht das Wurzelgemüse befallen können.

Seinen Namen verdankt der Schnellkäfer einem Mechanismus an seiner Bauchseite, der ihn in die Höhe „schnellen" lässt, wenn er auf dem Rücken zu liegen kommt oder sich in Gefahr befindet.

Viele Schnellkäfer legen ihre Eier in die Erde, und wenn dann die Larven geschlüpft sind, ernähren sich diese vorwiegend von Pflanzenwurzeln. Auch die Verpuppung findet im Boden statt, wonach der fertig entwickelte Käfer nach oben kriecht. Beim Kartoffelanbau ist es nicht ungewöhnlich, dass ein Teil der Ernte von Schnellkäferlarven zerstört wird.

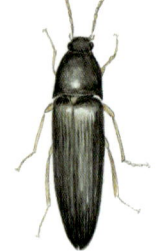

Wie die Weichkäfer können die Schnellkäfer gut fliegen, auch wenn man sie meist auf der Erde kriechend antrifft.

Rosenkäfer (Goldglänzender Rosenkäfer und Kupfer-Rosenkäfer) Cetonia aurata und Cetonia cuprea

* Länge: 14 – 20 mm
* große und glänzende Käfer
* fliegen trotz ihrer Größe gut
* in blütenreichen Umgebungen örtlich verbreitet

Die zwei häufigsten Rosenkäfer wecken dank ihrer metallisch-grün glänzenden Farben oft Aufmerksamkeit. Außerdem besitzen sie die Fähigkeit, zu fliegen, ohne die Deckflügel aufzuspreizen, dank einer Öffnung, die zwischen Deckflügelrand und Körper gebildet wird. Insbesondere an sonnigen Tagen kann man sie auf der Suche nach einer nektarreichen Blüte oder einem Baum oder Strauch, aus dem Saft sickert, vorbeisurren sehen. Wie viele andere große Blatthornkäfer (zu denen auch der Mai- und der Mistkäfer zählen) sind sie Vegetarier und ernähren sich von Pollen, Nektar und Pflanzensäften. Die Larve des Goldglänzenden Rosenkäfers lebt in faulendem Holz, während die Larven des Kupfer-Rosenkäfers Ameisenhaufen bevorzugen. Vor allem Letztere sind schuld daran, dass man im Vorwinter oft große Schäden an Ameisenhaufen entdeckt, in denen zum Beispiel Grünspechte oder Dachse nach den fetten Larven gesucht haben.

Es kann recht schwierig sein, die beiden Rosenkäferarten zu unterscheiden, aber im Allgemeinen ist der Goldglänzende Rosenkäfer von hellerem Grün, während der Kupfer-Rosenkäfer eher braune oder bronzefarbene Nuancen aufweist.

Der Rosenkäfer glänzt wunderschön und erinnert beinahe an eine Brosche.

Feldmaikäfer *Melolontha melolontha*

* Länge: 20 – 30 mm
* groß mit rotbraunen Deckflügeln und deutlich fächerförmigen Fühlern
* örtlich verbreitet, vor allem in Maikäferjahren

Der Feld- oder Gemeine Maikäfer ist ein sehr großer Käfer, der in bestimmten Jahren zahlreich auftritt. Der Grund dafür ist, dass Maikäfer einen großen Teil ihres Lebens (oft vier Jahre) als Larven, die auch Engerlinge genannt werden, in der Erde verbringen, und wenn diese nach der Verpuppung schlüpfen, entsteht im Lauf weniger Wochen eine enorme Fülle von fliegenden Käfern. Dieses Phänomen bezeichnet man als Maikäferjahr, und es ist ganz einfach eine Auswirkung des Lebenszyklus dieses Käfers. Der vollständig entwickelte Maikäfer lebt nur einige wenige Wochen, während derer er sich paaren und neue Eier legen muss.

Der Maikäfer richtet als Larve örtlich Schaden an, da er sich während seines langen Larvenstadiums von Graswurzeln und den Wurzelsystemen anderer Pflanzen ernährt. Deshalb wurde er, wie der eng verwandte Waldmaikäfer, besonders in der Vergangenheit massiv bekämpft. Dieser ist nach dem Feldmaikäfer die zweithäufigste Art der Gattung und hat ein ähnliches Lebensmuster wie sein Verwandter. Die beiden Arten unterscheiden sich vor allem dadurch, dass der Waldmaikäfer dunkle Ränder an seinen Deckflügeln hat.

Maikäfer fliegen gern, und
dank ihres brummenden
Geräuschs kann man sie aus
der Entfernung hören.

Die großen weißen Larven (Engerlinge) des Maikäfers leben vier bis
fünf Jahre im Boden und können
örtlich Wiesen und Getreidesaatgut
schädigen. Die Engerlinge verpuppen sich im Boden, und im folgenden Jahr kriecht der vollständig entwickelte Käfer an die Oberfläche.

Echte Laufkäfer Carabus sp.

* Länge: 2 – 30 mm
* viele ähnliche Arten
* oft groß und kräftig

Die Echten Laufkäfer sind eine große Käfergattung mit circa 30 Arten in unserem Land. In der Größe variieren sie stark – die kleinsten werden nur ein paar Millimeter lang und die größten bis zu drei Zentimeter. Eine Gemeinsamkeit der größeren Arten ist, dass sie geschickte Jäger sind, die mit Kraft und Schnelligkeit auf Beutejagd über den Boden patrouillieren. Sie sind wichtige Verbündete im Kampf beispielsweise gegen Nacktschnecken, und deshalb sollte man gut auf sie achtgeben.

Auf welche Arten man im Garten stoßen kann, variiert je nach Umgebung, aber von den größeren Arten sind es vor allem der Goldgruben-Laufkäfer, der Hainlaufkäfer, der Violette Laufkäfer sowie der Große Grabkäfer aus der Gattung *Pterostichus*. Letztere erkennt man daran, dass die Deckflügel entlang des „Panzers" deutliche Grate oder Längsrippen aufweisen. Allen gemeinsam ist, dass sie ausgeprägte Räuber sind, aber die große Gruppe der Echten Laufkäfer umfasst auch eine Reihe friedlicherer Arten, die sich von Pflanzen ernähren.

Viele Laufkäfer sind vorwiegend nachtaktiv. Daher findet man sie tagsüber oft in Baumstämmen, unter Laub oder anderen Stellen, an denen sie während der hellen Stunden des Tages Schutz suchen.

Die Larven der Laufkäfer
sind sehr bewegliche Räuber,
die aktiv nach Beute jagen.

Die Echten Laufkäfer haben kräftige Kiefer, mit denen sie große Beutetiere fangen und festhalten können.

Sie sind eine variationsreiche Gattung mit einigen richtig großen und ins Auge fallenden Arten, wie dem Violetten Laufkäfer (links). Andere sind klein und unauffällig, wie zum Beispiel der sehr häufige Schwarzglänzende Schnellläufer (rechts).

Ein Goldgruben-Laufkäfer hat eine kleine Nacktschnecke gefangen.

Feld-Sandlaufkäfer Cicindela campestris

* Länge: ca. 15 mm
* äußerst schnell
* fühlt sich örtlich an trockenen und sonnenbeschienenen Stellen wohl

Der Feld-Sandlaufkäfer kommt überwiegend in trockeneren Bereichen vor, vorzugsweise entlang von Wegen, Kiespfaden und anderen offenen und sonnenbeschienenen Orten. Er ist sehr schnell, sowohl auf der Erde als auch im Flug, und macht einen rastlosen Eindruck, da er sich ständig auf der Suche nach Beute befindet. Seine Nahrung besteht aus anderen Insekten, Ameisen und weiteren am Boden lebenden Kleintieren. Die Larve gräbt einen senkrechten Gang und lauert ihrer Beute auf, die sie unter die Erde zieht und dort auffrisst.

Rothalsbock Stictoleptura rubra

* Länge: 15 – 20 mm
* örtlich verbreitet, insbesondere in waldnahen Gärten
* im Spätsommer am häufigsten

Der Rothalsbock gehört zur Familie der Bockkäfer, einer großen Gruppe von Käfern, deren Fühler oft ähnlich den Hörnern eines Steinbocks gebogen sind. Der Rothalsbock, auch Gemeiner Bockkäfer genannt, hat lange Fühler, und seiner Familie gehören viele aufsehenerregende Arten an, die relativ groß sind. Ihre Larven leben in Baumstämmen, Stümpfen oder faulendem Holz, und einige Arten, wie der Hausbock, werden als ernsthafte Schädlinge betrachtet, während andere auf der Roten Liste gefährdeter Arten stehen und zu unseren seltensten Käfern gehören. Der Rothalsbock ist kein eigentliches Garteninsekt, kann örtlich aber der häufigste Bockkäfer sein, der den Garten besucht.

Der fertig entwickelte Käfer taucht ab Juni auf und zeigt sich dann oft auf Blüten, deren Pollen er frisst. Das Männchen lässt sich durch den schwarzen Halsschild leicht vom Weibchen unterscheiden.

Am einfachsten unterscheidet man die Geschlechter durch den schwarzen Halsschild des Männchens – ihren Namen verdankt die Art also dem Weibchen.

Männchen

Weibchen

Gemeiner Ohrwurm Forficula auricularia

* Länge: ca. 12 mm
* verbreitet und unverkennbar
* vorwiegend nachtaktiv

Der Gemeine Ohrwurm ist ein Insekt von unverdient schlechtem Ruf. Der Hauptgrund dafür ist vielleicht, dass er auf invasionsartige Weise Briefkästen und andere Schlupfwinkel füllt, an denen wir seine Anwesenheit nicht schätzen. Dass er, wie der Name „Ohrwurm" andeutet, die Angewohnheit habe, einem ins Ohr zu kriechen, ist hingegen nur ein Ammenmärchen.

Der Ohrwurm ist in erster Linie ein Nachttier, und tagsüber sucht er enge und vorzugsweise leicht feuchte Plätze auf, an denen er große Gruppen bilden kann. Diese bestehen sowohl aus Männchen als auch aus Weibchen, und wenn man in einer solchen Gruppe einen weißen Ohrwurm sieht, ist dieser ein junges Exemplar, das sich soeben gehäutet hat. Wie die Baumwanzen und Kurzfühlerschrecken machen die Ohrwürmer eine unvollständige Entwicklung durch und werden als kleine Kopien ihrer Eltern geboren. Danach wechseln sie ihr Exoskelett, wie der Panzer der Insekten genannt wird, wenn sie wachsen und das alte zu eng wird.

Eine in der Welt der Insekten ziemlich ungewöhnliche Eigenheit der Ohrwürmer ist, dass das Weibchen dieser Art Brutpflege betreibt. Die 50 bis 90 Eier werden in einer Höhlung abgelegt, und das Weibchen wacht treu über diese, bis die Larven schlüpfen. Danach stirbt es und wird von den Larven aufgefressen.

Der Ohrwurm kann im Garten sowohl nützen als auch schaden. Er wird aber vielleicht in erster Linie als Plage betrachtet, wenn er örtlich in bestimmten Jahren in Massen auftritt.

Weibchen

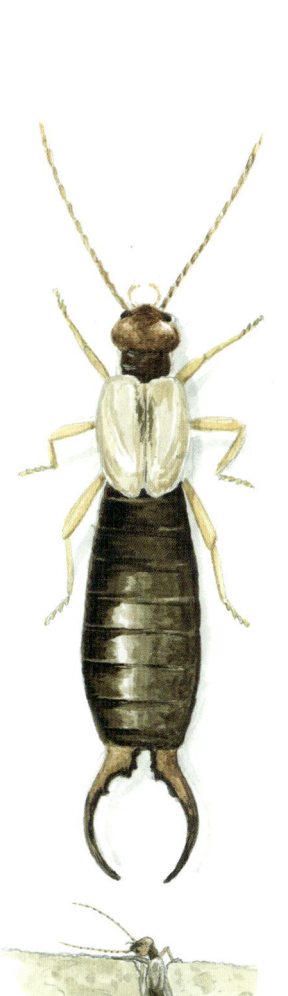

Der Gemeine Ohrwurm kann fliegen, tut es aber sehr selten. Ein
Grund dafür kann sein, dass er seine
Flügel mithilfe der Zange erst ent-
falten muss, um starten zu können!

Männchen und Weibchen unterscheidet man am einfachsten an
der Kneifzange. Die des Männchens
ist gebogener und kräftiger; die des
Weibchens hat geradere Backen.

Das Ohrwurmweibchen betreibt
Brutpflege und wacht über seine
Eier, bis die Larven schlüpfen. Da-
nach stirbt es und wird von den
Jungen aufgefressen.

Wiesenschaumzikade

Philaenus spumarius

* Länge: ca. 5 mm
* hinterlässt kleine Schaumnester an Pflanzen
* sehr weit verbreitet

Wer irgendwo in seinem Garten etwas höheres Gras stehen hat, kann fast sicher sein, dass dort die Wiesenschaumzikade zu finden ist. Sie ist sehr verbreitet, aber es ist die kleine Schaumhülle der Larve, auch „Kuckucksspeichel" oder „Hexenspucke" genannt, die ihre Anwesenheit verrät. Dieser Schaum entsteht dadurch, dass die Larve Luft in eine Flüssigkeit bläst, die sie als Exkrement ausscheidet. Die Wiesenschaumzikade durchläuft eine unvollständige Entwicklung und nimmt im Inneren der Schaumhülle nach und nach das Aussehen des erwachsenen Insekts an. Wenn sie diese dann verlässt, ist sie geschlechtsreif und bereit, sich fortzupflanzen. Das erwachsene Tier ist ein kleines rundliches, beigebraunes und geflügeltes Insekt, während die Larve grünlich ist. Da die Wiesenschaumzikade ein sogenannter Pflanzensauger ist (zu denen auch die Blattläuse gehören), kann sie an einzelnen Pflanzen im Garten gewisse Schäden verursachen.

Der „Kuckucksspeichel" ist in Wirklichkeit das Heim der Larve der Wiesenschaumzikade.

Die Larve ist eine kleine grüne Kopie des vollständig ausgebildeten Insekts und entwickelt sich schrittweise im Schutz ihrer Schaumhülle.

Die voll entwickelte Wiesenschaumzikade ist ein kleines rundliches Insekt.

Brauner Grashüpfer
Chorthippus brunneus

* Länge: ca. 15 mm
* sehr häufige Kurzfühlerschrecke
* in Gärten ziemlich verbreitet

In Mitteleuropa gibt es etwa 100 verschiedene Arten von Kurzfühlerschrecken, aber im Garten stößt man oft nur auf eine einzige. Wenn es trockene Partien mit halbhohem Gras gibt, kann man Besuch vom Braunen Grashüpfer erhalten. Er gehört einer der häufigsten Arten der Kurzfühlerschrecken an, kann aber in verwirrend vielen Farbvarianten vorkommen, die von grünlich bis braun oder grau reichen. Da Kurzfühlerschrecken eine unvollständige Entwicklung durchlaufen und als kleine Kopien ihrer Eltern geboren werden, kann man im Vorsommer kleine Larven sehen, die keine Flügel haben und nur halb so groß sind wie das erwachsene Tier. Sie wachsen jedoch schnell, und bis zum Spätsommer haben sie ihre Entwicklung abgeschlossen und können sich paaren und Eier legen. Das Weibchen legt die Eier in einem Loch im Boden ab, wo sie überwintern. Im folgenden Frühjahr schlüpfen dann die Larven. Die erwachsenen Grashüpfer sterben im Herbst.

Am einfachsten unterscheidet man Kurzfühlerschrecken und Laubheuschrecken an den Fühlern. Kurzfühlerschrecken haben kürzere, keulenartige, während Laubheuschrecken lange schmale Fühler besitzen.

Gemeine Strauchschnecke
Pholidoptera griseoaptera

* Länge: ca. 20 mm
* verbreitet, aber schwer zu beobachten
* häufig in Gärten, Strauchgebieten, Grabenrändern
  usw. anzutreffen

Die Gemeine Strauchschrecke bemerkt man meist an ihrem Gesang. Ihr Ruf ist ein kurzes, explosives und leises „Zrit", das sehr schwer zu orten sein kann. An Spätsommer- und Herbstabenden ist er oft zu hören. Die Gemeine Strauchschrecke ist bedeutend kleiner als das Grüne Heupferd und nur knapp größer als eine Kurzfühlerschrecke. Die Farbe ist braun-grau, und das Weibchen zeichnet sich durch einen langen Legestachel am Ende des Hinterleibs aus. Beide Geschlechter haben stark zurückgebildete Flügel, mit denen sie nicht fliegen können.

Die Gemeine Strauchschrecke ist ziemlich klein und unauffällig und führt ein Leben im Verborgenen. Gleichwohl gibt es sie in vielen deutschen Gärten.

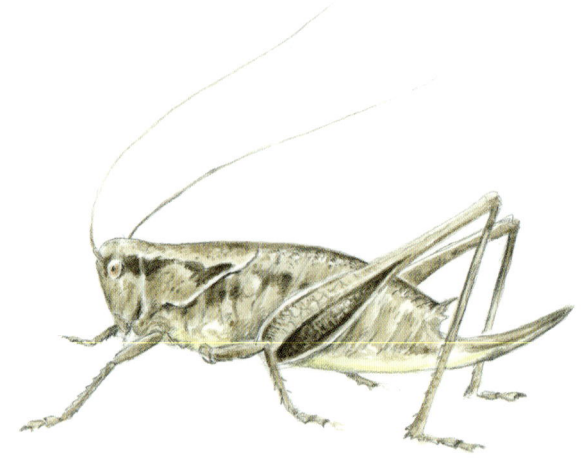

Grünes Heupferd Tettigonia viridissima

* Länge: ca. 30 mm (einschließlich Flügel bis zu 70 mm)
* groß und grün mit langem Körper
* in dicht belaubten Umgebungen ziemlich verbreitet

Das Grüne Heupferd ist in dicht belaubten Gärten, wo es gern in Büschen und niedrigen Bäumen umherklettert, die vielleicht häufigste Laubheuschrecke. Seine Anwesenheit bemerkt man vor allem im Spätsommer, wenn es singt, aber durch seine grüne Farbe kann es sehr schwer zu erspähen sein. Es wirkt größer als der Warzenbeißer, aber das liegt meist an den langen Flügeln, die ein gutes Stück über den Körper herausragen. Das Weibchen hat an der Spitze des Hinterleibs einen deutlich erkennbaren Legestachel. Das Grüne Heupferd ist ein Allesfresser und ernährt sich sowohl von Insekten als auch von Pflanzen. Wie andere große Laubheuschrecken kann es übrigens spürbare Bisse austeilen!

Das Grüne Heupferd ist, wenn man seine Bekanntschaft macht, ein imposantes Insekt.

Warzenbeißer Decticus verrucivorus

* Länge: ca. 40 mm
* große Laubheuschrecke
* kann beißen

Der Warzenbeißer ist geografisch weiter verbreitet als das Grüne Heupferd, sucht aber seltener Gärten auf. Dies liegt vielleicht vor allem daran, dass er bodengebundener ist und sich in Wiesenumgebungen mit hochgewachsenem Gras wohlfühlt. Von der Größe her ist seine Gesamtlänge oft kürzer als die des Grünen Heupferds, aber der eigentliche Körper ist länger und massiver und macht einen sehr robusten Eindruck. Die Farbe ist im Wesentlichen grün mit Flecken und Zeichnungen in braunen, dunkelgrünen und schwärzlichen Nuancen. Es gibt aber auch fast vollständig braune Exemplare. Wie bei anderen Laubheuschrecken auch hat das Weibchen einen deutlich ausgebildeten Legestachel und ist größer als das Männchen. Der Warzenbeißer singt vorzugsweise bei schönem Wetter und ist nachts weniger aktiv als die Gemeine Strauchschrecke und das Grüne Heupferd.

Der Warzenbeißer erinnert beinahe an ein Spielzeugtier aus Blech.

Ruderwanzen Familie Corixidae

* Länge: 2 – 14 mm
* ein Brustschwimmer
* viele ähnliche Arten

Die hier abgebildete *Corixa punctata* gehört zur Gattung der Ruderwanzen, die in Mitteleuropa mit 35 bekannten Arten vertreten ist. Vom Aussehen her sind viele Arten ähnlich, aber die hier genannte gehört zu den häufigsten. Eine Gemeinsamkeit der Ruderwanzen ist, dass sie „Brustschwimmer" sind (siehe Rückenschwimmer, Seite 156) und vorzugsweise in vegetationsreichen Teichen mit stehendem Wasser vorkommen. Sie sind gute Zersetzer von Pflanzenteilen, und nur einige wenige Arten leben räuberisch. Wie viele andere Wasserinsekten atmen sie Luft und kommen ab und zu an die Oberfläche, um rasch ihren Sauerstoffvorrat aufzufüllen.

Die Ruderwanze hat, wie andere Insekten auch, sechs Beine, aber zum Schwimmen werden nur die beiden hinteren Beinpaare genutzt. Das vordere Beinpaar ist von oben nicht zu sehen und wird nur zum Festhalten von Nahrung benutzt. Eine Eigenheit der Ruderwanzen ist, dass das Männchen vor der Paarung einen lauten „Balzton" von sich geben kann, indem es die Vorderbeine gegen den Kopf reibt. Wie der Rückenschwimmer kann auch die Ruderwanze fliegen und auf diese Weise andere Teiche erreichen.

Die Ruderwanze atmet Luft und kommt ab und zu an die Oberfläche, um rasch ihren Sauerstoffvorrat aufzufüllen.

Gemeiner Rückenschwimmer
Notonecta glauca

* Länge: 10 – 15 mm
* ein Rückenschwimmer
* kann stechen

Wenn man ein langbeiniges Wasserinsekt sieht, das zunächst eine Weile an der Oberfläche ruht, um plötzlich mit kräftigen Ruderschlägen nach unten im Teich zu verschwinden, dann ist die Wahrscheinlichkeit groß, dass es sich um den Gemeinen Rückenschwimmer handelt. Diese sonderbare Art ist sehr verbreitet und dadurch gekennzeichnet, dass ihre Oberseite beim Schwimmen, anders als bei der Ruderwanze, der sie ansonsten ähnlich ist, nach unten zeigt. Sie ist außerdem etwas größer, hat lebhaftere Bewegungen und einen weniger abgeflachten Körper. Der Rückenschwimmer hat einen eher kielförmigen Körper und eine kontrastreich gefärbte Rückenseite, auf der man oft unter den Flügeln seinen Luftvorrat glänzen sehen kann.

Der Rückenschwimmer ist ein ausgeprägter Räuber, der sich vor allem von anderen Wasserinsekten ernährt, aber auch, wenn er die Gelegenheit dazu erhält, gern Frosch- oder Fischlaich frisst. Man sollte vorsichtig sein, wenn man ihn anfasst, da er spürbare Stiche austeilen kann.

Den Rückenschwimmer kennzeichnen lange Schwimmbeine sowie die kontrastreiche Zeichnung auf dem Rücken.

Wie die Ruderwanze fliegt der Rückenschwimmer gut, doch manchmal kann es passieren, dass er beispielsweise gegen ein Auto prallt, weil er es fälschlicherweise für einen glänzenden Wasserspiegel gehalten hat!

Taumelkäfer Familie Gyrinidae

* Länge: 3,5 – 8 mm
* schwimmt oft in kleinen Gruppen auf der Wasseroberfläche umher
* kann gleichzeitig über und unter Wasser sehen

Die Familie der Taumelkäfer stellt in vielen stehenden Gewässern oder langsam fließenden Bächen die charakteristischen Arten. Insbesondere im Spätsommer sieht man die Käfer oft in kleinen unruhigen Gruppen, die sich in kreisenden Mustern über das Wasser bewegen. Sie sind stark an ein räuberisches Leben an der Wasseroberfläche angepasst, und deshalb sind die Augen so unterteilt, dass die eine Hälfte unter und die andere über Wasser sieht. Außerdem ist der Körper mit Fühlhaaren versehen, die es ihnen ermöglichen, auf der Wasseroberfläche liegende Beutetiere auch auf eine größere Entfernung zu entdecken. Bei Bedarf können sie sogar tauchen, um Gefahren zu entgehen oder ein Beutetier zu fangen.

Der hier abgebildete *Gyrinus natator* legt seine Eier im Frühling an Wasserpflanzen ab. Die langen schmalen Larven durchlaufen mehrere Stadien, bevor sie sich zu dem circa sechs Millimeter langen Käfer entwickeln.

Die Käfer treten oft in kleinen unruhigen Gruppen auf, die anscheinend planlos auf der Wasseroberfläche kreisen.

Gelbrandkäfer (Gemeiner Gelbrand) Dytiscus marginalis

* ❋ Länge: ca. 40 mm
* ❋ fühlt sich in Teichen wohl
* ❋ kann schmerzhafte Bisse austeilen

In Mitteleuropa gibt es mehrere Arten von Schwimmkäfern, die der Gattung *Dytiscus* angehören, und von diesen ist der Gelbrandkäfer (oder Gemeine Gelbrand) der häufigste. Er sucht gern Gartenteiche unterschiedlicher Größe auf, führt aber meist ein recht zurückgezogenes Dasein. Man entdeckt ihn eigentlich nur, wenn er an die Oberfläche kommt, um zu atmen, was er tut, indem er mit dem Hinterleib die Wasseroberfläche streift. Die Luft speichert er dann unter den Deckflügeln und schwimmt mit seinen beiden verlängerten Hinterbeinen, mit denen er kräftige „Ruderschläge" ausführt.

Trotz ihres Unterwasserlebens können Schwimmkäfer fliegen, und auf diese Weise können sie schnell neu angelegte Teiche besiedeln. Vor allem fliegen sie abends und nachts, und wenn man in der Dunkelheit das dumpfe brummende Geräusch eines Käfers hört, kann es sich um einen Schwimmkäfer handeln, der auf der Suche nach einem Teich ist, in dem er sich niederlassen kann. Wie anderen im Wasser lebenden Arten können indes auch ihm manchmal Fehler unterlaufen, sodass er in der Annahme, es handele sich um Wasseroberflächen, gegen Autos, Gewächshäuser oder andere glänzende Gegenstände fliegt.

Nach der Paarung legt das Weibchen seine Eier an einer Pflanze am Uferrand ab, wo die Larven schlüpfen. Diese wachsen rasch zu einer Länge

Die Larven des Schwimmkäfers sind gefräßige Räuber, die sowohl Kleinfische als auch Froschlaich und andere große Wasserinsekten fangen können.

Das Männchen unterscheidet man am einfachsten daran vom Weibchen, dass es an seinen Vorderbeinen Saugschalen hat, mit denen es während der Paarung das Weibchen festhält. Außerdem hat das Männchen glatte Deckflügel.

Die Deckflügel des Weibchens sind meist geriffelt.

von gut 16 Millimetern heran und sind, genau wie ihre Eltern, sehr räuberische Tiere, die während ihres gesamten Larvenstadiums auf Beutejagd sind. Ihre Nahrung besteht aus allem von Froschlaich über Kleinfische und Molche bis hin zu wirbellosen Tieren. Man sollte weder den erwachsenen Schwimmkäfer noch dessen Larve anfassen, denn die Tiere können spürbare Bisse austeilen! Carl von Linné verglich die Larve des Schwimmkäfers sehr treffend mit einem Krokodil, und Untersuchungen zufolge kann ein großer Teil der Ausfälle in Fischkulturen auf das Vorkommen von Schwimmkäferlarven zurückgeführt werden.

Wenn es Zeit zum Verpuppen ist, verlässt die Larve das Wasser und sucht den Uferrand auf, wo sie ein Loch gräbt, um sich darin zu verpuppen. Der fertig entwickelte Käfer kriecht dann entweder im Herbst aus der Puppenschale und überwintert als vollständig ausgebildeter Käfer, oder er kriecht im Frühjahr heraus, wenn Paarung und Eiablage erfolgen.

Wasserjungfern/Kleinlibellen
Unterordnung Zygoptera

* Länge: ca. 40 mm
* schlanke, oft bunte Libellen, die man dabei sehen kann, wie sie über Teiche fliegen oder auf einer Pflanze sitzen und sich dort sonnen
* Prachtlibellen mit dunkleren Flügeln als bei anderen Kleinlibellenarten

Außer von den großen Edellibellen können Kleingewässer und Teiche manchmal von schlanken, zierlichen und bunten Libellen besucht werden. Diese werden Wasserjungfern oder Kleinlibellen genannt und kommen in einer Vielzahl unterschiedlicher Farben vor. Sie sind gewöhnlich leuchtend blau oder haben blaue Zeichnungen. Von den Prachtlibellen gibt es in unserem Land nur zwei Arten, die Blauflügel-Prachtlibelle und die Gebänderte Prachtlibelle, und diese haben mehr oder weniger farbige Flügel. Letztere kann man anhand ihrer transparenten Flügelspitzen gut von anderen Arten unterscheiden.

Alle Kleinlibellen sind Raubtiere und ihre Larven ebenfalls. Von den Larven der Mosaikjungfern unterscheiden sie sich vor allem dadurch, dass sie schlanker sind und am hinteren Ende drei lange Auswüchse haben, die als Kiemen fungieren.

Während der Paarung sieht man die Libellen ein Herz formen!

Blaugrüne Mosaikjungfer

Aeschna cyanea

* Länge: ca. 70 mm
* eine große Libelle, die oft in der Nähe von Teichen zu sehen ist
* Art mit leuchtend blaugrünen Flecken

Neben der Braunen ist die Blaugrüne eine der häufigsten Mosaikjungfern, auf die man rund um den Gartenteich stößt. Beide sind sehr große Insekten, die man oft über festgelegte Routen patrouillieren sieht, wenn sie in der Luft nach Beute oder einem Partner suchen, mit dem sie sich paaren können. Die Eier werden entlang des Wasserrandes abgelegt, und die große Larve lebt als Räuber im Bodensediment.

Der Name „Mosaikjunger" kommt von dem komplizierten Muster auf dem Hinterleib. Bei der Blaugrünen Mosaikjungfer sind die Flecken des Weibchens oft grün, während die Männchen auch leuchtend blaue haben. Das Weibchen scheint abgesehen von der eigentlichen Eiablagephase oft in größerer Entfernung vom Wasser zu patrouillieren als das Männchen.

Das Männchen ist schön gezeichnet mit leuchtend blauen und hellgrünen Flecken. Die Haare am vorderen Beinpaar helfen den Mosaikjungfern, ihre Beute im Flug zu fangen und zu fressen.

Braune Mosaikjungfer Aeschna grandis

* Länge: bis zu 80 mm
* gehört zu größten Libellen des Landes
* räuberisch im Wasser lebende Larven

In Deutschland gibt es 14 Arten der großen Edellibellen *(Aeschnidae)*, und eine der am häufigsten vorkommenden ist die Braune Mosaikjungfer. Sie ist eine große Edellibelle, die in ausgewachsenem Zustand, den man als Imago bezeichnet, bis zu 80 Millimeter lang werden kann. Trotz ihrer Größe fliegt sie überaus gut und holt ihre Beute, die sie in der Luft fängt, leicht ein. Wie mehrere andere Libellen hat auch die Braune Mosaikjungfer spezielle Routen, auf denen sie auf der Jagd nach Beute patrouilliert, und wenn man eine Weile am selben Ort verharrt, kann man die Libelle oft pünktlich vorbeifliegen sehen.

Auch die Larve ist ein gefräßiger Räuber, der in Teichen und anderen Gewässern lebt und sich von allem ernährt, was ihm dort in den Weg kommt. Dank ihrer Größe, Raubgier und der kräftigen Kiefer, die unter dem Kopf hervorschießen können (die sogenannte Fangmaske), ist es nicht ungewöhnlich, dass sie es mit so großen Beutetieren wie Kleinfischen aufnimmt. Die Larve braucht auch nicht an der Oberfläche Luft zu holen, da sie durch eine Art Kiemen an ihrem Hinterleib Sauerstoff aufnehmen kann. Das Wasser wird durch den Enddarm eingesaugt und versorgt die Kiemen mit frischem Sauerstoff. Wenn die Larve beunruhigt oder erschreckt wird, kann sie das Wasser ausspritzen, um sich mit Hilfe dieses „Düsenantriebs" blitzschnell in Sicherheit zu bringen. Eine Mosaikjungfernlarve wird fast 50 Millimeter lang und lebt zwei bis drei Jahre im Wasser, bis sie auf eine Pflanze klettert, um über der Wasseroberfläche zu

Die Larve der Mosaikjungfer ist ein gefräßiger Räuber und verbringt ein langes Leben im Wasser, bevor sie an einer Pflanze am Uferrand emporklettert und schlüpft.

Die ausgewachsene Libelle, die Imago, ist braunrot mit einem leicht bräunlichen Farbton auf den Flügeln.

schlüpfen. Aus der Larvenhaut kriecht dann die vollständig entwickelte Libelle hervor, die eine Zeit lang neben ihrer leeren Hülle sitzen bleibt, um zu trocknen. Sie lebt im Allgemeinen vier bis sechs Wochen und kann sich in dieser Zeit paaren, und die Weibchen können neue Eier legen.

Bei allen Mosaikjungfern sind die Augen äußerst gut entwickelt, und zusätzlich zu den großen Facettenaugen, die aus Tausenden von „Teilaugen" bestehen, haben sie noch drei kleine Punktaugen auf der Stirn. Dank ihres guten Sehvermögens können sie problemlos auch Beutetiere entdecken, die sich hinter ihnen befinden, und sie sollen ihre Beute aus bis zu 20 Metern Entfernung sehen können!

Gemeiner Steinläufer Lithobius forficatus

* Länge: ca. 30 mm
* mehrere ähnliche Arten
* liegt oft unter faulenden Baumstämmen, Steinen und Ähnlichem

Was man im Volksmund als „Tausendfüßler" zu bezeichnen pflegt, ist eine Gruppe lang gestreckter Gliederfüßer mit entweder einem oder zwei Beinpaaren pro Körpersegment. Die Erdläufer und die Steinläufer haben ein Beinpaar pro Segment und sind oft gelb bis gelbbraun in der Farbe, aber mit einem deutlich abgeflachten Körper. Der Gemeine Steinläufer ist eine der häufigsten Arten, und man findet ihn allerorten unter Laub, Steinen oder wenn man einen Gegenstand umdreht, der eine Weile auf der Erde gelegen hat. Der Steinläufer ist ein Räuber und für das Ökosystem im Garten sehr nützlich. Er ist an der Mundöffnung mit Giftstacheln versehen und kann unangenehme Bisse austeilen, da sein Gift ungefähr genauso stark wie das einer Wespe ist.

Gepunkteter Schnurfüßer

Cylindroiulus punctatus

* Länge: 20 – 30 mm
* ein brauner oder schwarzer „Tausendfüßler"
* liegt oft unter Steinen, Holzstücken und in anderen Schlupfwinkeln

Der Gepunktete Schnurfüßer gehört zu den Doppelfüßern und hat, wie der Name andeutet, zwei Beinpaare pro Körperglied. Dadurch hat er einen „fließenden" Gang und gleitet gleichsam über den Boden. In unserem Land gibt es circa 50 verschiedene Arten, von denen einige weit verbreitet sind. Der Gepunktete Schnurfüßer, der Sandschnurfüßer und der Gemeine Feldschnurfüßer gehören dazu. Sie leben nicht räuberisch, sondern ernähren sich von Pflanzenteilen, zu deren Zersetzung sie auf diese Weise beitragen. Bei Gefahr können sie sich verteidigen, indem sie chemische Stoffe absondern oder sich zusammenrollen, um ihre weicheren Teile zu schützen.

Kellerassel Porcellio scaber

* Länge: bis zu 17 mm
* unverkennbar und oft in Häusern vorkommend
* mehrere schwer unterscheidbare Asselarten
* örtlich sehr verbreitet

Es gibt etwa 50 verschiedene Landasselarten in unserem Land, aber von diesen sind nur einige wenige stark verbreitet. Die vielleicht häufigste ist die Kellerassel, die sich sowohl in unseren Häusern als auch in Gärten wohl-fühlt. Oft findet man sie an dunklen und feuchten Orten, nicht selten in alten Vorratskellern, aber sie ist auch eine der wenigen Asseln, die mit etwas trockeneren Umgebungen zurechtkommt. Die Asseln gehören eigentlich der Ordnung *Isopoda* an, deren hauptsächlicher Lebensraum unter Wasser liegt. Folglich stehen sie nicht den Insekten nahe, sondern haben ihre Ver-wandten unter den Krebstieren.

Die Asseln machen sich vor allem als Abbauer von organischem Mate-rial nützlich, und wie Kaninchen und Hasen fressen sie auch ihren eigenen Kot, um sämtliche Nährstoffe aufzunehmen. Sie sind willkommene Gäste in unseren Gärten, denn als Destruenten, also Abbauer von organischen Substanzen, beschleunigen sie wie Würmer und einiges anderes Kleingetier das Vermodern von gröberem Material zu einer Form, die von den Pflanzen aufgenommen werden kann. Nur in Ausnahmefällen richten Asseln Scha-den an, und dann vor allem, wenn sie in größerer Zahl in den Gewächshäu-sern auftauchen.

Die meisten Asseln sind nachtaktiv. Dies liegt vor allem daran, dass sie so leichter ihren Feinden ausweichen können und dass die Luftfeuchtigkeit in der Nacht höher ist als tagsüber. Da die Asseln rein von der Evolution

Mauerassel   Kellerassel

Im Unterschied zu der häufig vorkommenden Kellerassel, die gleichmäßiger grau ist, hat die Mauerassel auf der Oberseite helle Zeichnungen.

Die Kellerassel ist im Allgemei-nen die häufigste Assel in Gär-ten und Häusern.

her viel mit ihren Verwandten im Meer gemeinsam haben, ist ihr Hautpanzer nicht völlig wasserdicht, und wenn sie direktem Sonnenlicht ausgesetzt sind, sterben sie durch Austrocknung.

Um ihre Eier feucht zu halten, platzieren die Weibchen sie in einem speziellen „Sack" an der Unterseite des Körpers, wo sie dann schlüpfen. Die frisch geschlüpften Asseln sind Miniaturausgaben der erwachsenen, und es kann bis zu zwei Jahre dauern, bis sie zu voller Größe herangewachsen sind. Wie andere Gliederfüßer auch müssen sich die Asseln häuten, um wachsen zu können.

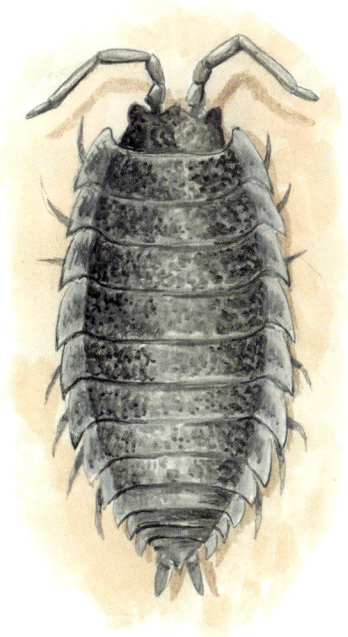

Die „Schale" der Kellerassel wird oft als rauer empfunden als beispielsweise die der Mauerassel. Außerdem ist sie gleichmäßiger grau, aber die Farben können variieren.

Rollassel Armadillidium vulgare

* Länge: ca. 17 mm
* dunkelgrau bis schwarz
* kann sich zu einem kleinen Ball zusammenrollen
* kommt vor allem in Laubwäldern vor, zeitweise in Gärten

Am einfachsten unterscheidet man die Rollassel von den anderen Asseln durch ihre gewölbte Schale sowie dadurch, dass sie sich bei Gefahr zu einer gut gepanzerten Kugel zusammenrollen kann. Sie lebt oft versteckt und fühlt sich besonders wohl unter Blättern, Baumstämmen und an anderen schützenden Plätzen, aber sie ist nicht genauso anfällig für Austrocknung wie die anderen Asselarten und kann sich auch an trockeneren Stellen zeigen.

Ihr natürlicher Lebensraum sind vorwiegend kalkreiche Böden und Laubwälder, aber örtlich kommt sie auch in unseren Gärten vor. Die größte Verwechselungsgefahr besteht eigentlich mit dem Saftkugler, aber dieser ist seltener und hat unter jedem Segment zwei Beinpaare.

Die Rollassel ist schwärzer und weniger abgeflacht als andere Asseln.

Um sich vor Angriffen und Austrocknung zu schützen, kann sich die Rollassel zu einem kleinen Ball zusammenrollen.

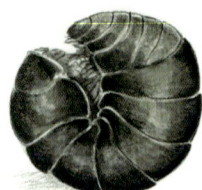

Schwarze Wegschnecke Arion ater

* Länge: bis zu 150 mm
* fühlt sich in Wäldern am wohlsten
* in Nordeuropa sehr verbreitet

Die Schwarze Wegschnecke lebt vorwiegend in Waldgebieten und kommt eher im nördlichen Teil des Landes vor. Wie die Rote hat auch die Schwarze Wegschnecke mit der Verdrängung durch die eingeschleppte Spanische Wegschnecke zu kämpfen. Die Schwarze Wegschnecke ernährt sich vorwiegend von Pilzen, vermodernden Pflanzenteilen und anderem organischen Material (manchmal auch Aas) und ist sehr selten an Kulturpflanzen zu finden. Sie kann mit bis zu 15 Zentimetern sehr groß werden, und in der Farbe von Schwarz über Beigegrau bis Reinweiß variieren. Ganz vorn am Kopf hat die Schnecke vier Fühler mit Sinnesorganen an der Spitze, wobei an den zwei längsten die Augen sitzen. Die Atmung erfolgt durch eine Öffnung an der Seite.

Die Wegschnecken sind Hermaphroditen, doppelgeschlechtig, und besitzen sowohl Eier als auch Spermien. Damit eine Befruchtung stattfinden kann, muss sich die Schnecke jedoch mit einer anderen paaren. Die Eier werden in den Boden eingegraben, und nach einigen Wochen schlüpfen die kleinen Schneckenjungen und kriechen hervor.

Spanische Wegschnecke (Kapuzinerschnecke) Arion lusitanicus

* Länge: ca. 120 mm
* der vielleicht schlimmste Schädling im Garten
* wird vor allem von uns Menschen verbreitet
* stellenweise verbreitet und dort sehr häufig vorkommend

Die Spanische Wegschnecke ist in den letzten Jahrzehnten in unser Land vorgedrungen und richtet örtlich in Gärten und im kommerziellen Anbau großen Schaden an. Ihr natürliches Ausbreitungsgebiet befindet sich in Südwesteuropa, und nach Deutschland ist sie wahrscheinlich über importierte Pflanzen gekommen. Der erste Fund wurde 1969 rechtsrheinisch auf der Höhe von Basel gemacht, und seit den 1980er-Jahren breitet sie sich von Süden her stark über das gesamte Land aus. Über große Entfernungen verbreitet sie sich durch Eier, die versteckt an Pflanzen oder Erdklumpen sitzen können, aber örtlich kann sie sich auch aus eigenem Antrieb schnell verbreiten. Hat sich die Schnecke einmal richtig niedergelassen, so wird man sie nur schwer wieder los, aber es wird angenommen, dass neue Methoden der biologischen Schädlingsbekämpfung, unter anderem durch Nematoden (ein innerlicher Parasit, der die Schnecken tötet), die Ausbreitung verringern können.

In jüngerer Zeit kam die Frage auf, ob die Spanische Wegschnecke nicht in Wirklichkeit eine Abart unserer gewöhnlichen Schwarzen Wegschnecke sei. Dänische Behörden führen sie auf dieselbe Art zurück: *Arion ater*. Manche meinen, dass sich die beiden Varianten kreuzen können müssten, um eine frostresistentere „Superschnecke" zu bilden, aber dies ist wissenschaftlich nicht bestätigt.

Die Spanische Wegschnecke hat eine
bräunliche Farbe.

Rote Wegschnecke Arion rufus

* Länge: ca. 150 mm
* wird leicht mit der Spanischen Wegschnecke verwechselt
* zeichnet sich durch ihre rotbraune Farbe aus
* weit verbreitet

Die Rote Wegschnecke, die aufgrund ihrer Körperlänge von bis zu 15 Zentimeter auch Große (Rote) Wegschnecke genannt wird, ist eine in Mitteleuropa weit verbreitete Nacktschnecke. Durch die zunehmende Ausbreitung der Spanischen Wegschnecke wurde sie aus ihrem ursprünglichen Verbreitungsgebiet stark zurückgedrängt und lebt nun hauptsächlich in feuchten Wiesen und Waldgebieten. In einigen deutschen Bundesländern steht sie mittlerweile sogar als gefährdete Art auf der Roten Liste – dies kommt nicht zuletzt daher, dass die aufgrund von Farbvariationen leicht mit der Spanischen Wegschnecke verwechselt und bekämpft wurde, obwohl sie nicht in vergleichbarem Maße Schäden anrichtet. Trotz ihres Namens gibt es auch schwarze Exemplare, sodass es auch zu Verwechslungen mit der Schwarzen Wegschnecke kommen kann.

Die Rote Wegschnecke richtet keinen so
großen Schaden an wie die Spanische
Wegschnecke und kommt selten in ähnlich
großer Zahl vor.

Weinbergschnecke Helix pomatia

* Länge: 100 – 120 mm
* unsere größte Landschnecke
* in üppigen und laubreichen Umgebungen örtlich verbreitet

Die Weinbergschnecke ist unsere größte Landschnecke. Ihr Körper kann rund zehn Zentimeter lang werden, und das große Gehäuse kann einen Durchmesser von circa 50 Millimetern erreichen. Sie ist ursprünglich bei uns nicht heimisch und wurde wahrscheinlich von Mönchen eingeführt, die Schnecken auch während der Fastenzeit essen durften, sie hat sich seitdem aber auch außerhalb der alten Kerngebiete – Klöster, Schlösser und Herrensitze – ausgebreitet. Heutzutage findet man die Weinbergschnecke vorwiegend in hainartigen Wäldern, Gärten mit üppigem Wuchs und anderen laubreichen Umgebungen. In Europa wird die Weinbergschnecke kommerziell als Delikatesse gezüchtet und unter der französischen Bezeichnung „Escargot" serviert.

Wie andere Nackt- und Gehäuseschnecken auch sind die Weinbergschnecken Hermaphroditen, und die Fortpflanzung geschieht dadurch, dass sie sich gegeneinander aufrichten und einen bis zu zehn Millimeter langen „Liebespfeil" aus Kalk in ihren Partner schieben. Die Forschung hat gezeigt, dass der Pfeil an sich nicht die Spermien selbst überträgt, sondern ein Hormon, das für ein besseres Überleben der Spermien sorgt.

Die Weinbergschnecke überwintert bei uns, indem sie sich eingräbt und die Öffnung des Gehäuses mit kalkreichem Schleim füllt, der zu einem Deckel erstarrt. Sie ernährt sich von Pflanzen, vermodernden Pflanzenteilen und manchmal auch Aas.

Garten-Bänderschnecke
Cepaea hortensis

* Länge: 30 – 40 mm
* sehr variabel in den Farben
* ist am leichtesten mit der Hain-Bänderschnecke zu verwechseln

Die Garten-Bänder- oder Schnirkelschnecke ist vielerorts die häufigste Landschnecke, aber da sie in Farbe und Zeichnung stark variieren kann und außerdem mehrere ähnliche Verwandte hat, kann es schwierig sein, eine korrekte Artenbestimmung vorzunehmen. Die größte Verwechselungsgefahr besteht mit der Hain-Bänderschnecke (die auch Hain-Schnirkelschnecke genannt wird) und der Gefleckten Schnirkelschnecke. Von der Hain-Bänderschnecke lässt sie sich am einfachsten dadurch unterscheiden, dass ihr deren brauner Rand an der Innenseite der Gehäuseöffnung fehlt, und von der Gefleckten Schnirkelschnecke dadurch, dass deren Gehäuse oft dunkler ist und nicht die Streifung der Garten-Bänderschnecke aufweist.

Die Garten-Bänderschnecke ist im Allgemeinen kein Schädling in unseren Pflanzungen, sondern ernährt sich meist von Algen, die sie mit ihrer rauen Zunge abschabt. Sie bevorzugt schattige und dicht belaubte Umgebungen, am liebsten in Wassernähe.

Die Garten-Bänderschnecke (links) und die Hain-Bänderschnecke (unten) sind schwer zu unterscheiden. Am besten kann man sie an dem braunen Rand unterscheiden, den die Innenseite der Gehäuseöffnung der Hain-Bänderschnecke aufweist.

Das Gehäuse der Garten-Bänderschnecke kann im Aussehen stark variieren – von rein hellgelben Exemplaren über dicht bebänderte bis zu dunklen oder cremefarbenen.

Tauwurm (Gemeiner Regenwurm) Umbricus terrestris

* Länge: bis zu 250 – 300 mm
* ein sehr großer und kräftiger Regenwurm
* kommt in humusreichen Böden vor
* weit verbreitet

Dies ist der größte Regenwurm in unserem Land, und was seine Länge angeht, so hat er unter seinen Verwandten keine Konkurrenten – er kann doppelt so lang werden wie sie! Er ist am häufigsten in humushaltigem Boden zu finden, wo er vermodernde Pflanzenteile und anderes organisches Material frisst. Als Abbauer organischer Substanzen ist er sehr nützlich, denn er setzt Nährstoffe frei und lockert mit seinen Gängen die Erde auf. Wenn er sich oberirdisch fortbewegt, macht er oft das hintere Ende flach und schiebt sich damit über den Boden. Die Farbe variiert von Blassrosa bis zu glänzenderem Rotbraun.

Kleiner Wiesenwurm

Aporrectodea caliginosa

* Länge: bis zu 130 mm
* eine der zahlreichsten Regenwurmarten
* gräulich in der Farbe
* im gesamten Land verbreitet

Der Kleine Wiesenwurm ist, wie sein Name andeutet, oft deutlich kleiner als der Tauwurm und im Allgemeinen grauer. Er ist einer unserer häufigsten Regenwürmer und fühlt sich wie andere Arten in humusreichem Boden wohl. Als Gehilfe bei allen Arten der Landbestellung ist er sehr nützlich, aber anfällig für Bekämpfungsmittel. Bei Ackerlandstudien hat man feststellen können, dass die Menge der Würmer circa 500 Kilogramm pro Hektar betragen kann, was bedeutet, dass es pro Quadratmeter circa 50 Würmer gibt! Man hat auch in den Gebieten, in denen die Regenwürmer aus unterschiedlichen Gründen verschwunden sind, große Veränderungen in der Ökologie des Bodens festgestellt.

Brauner Laubfresser
Lumbricus castaneus

* Länge: ca. 40 mm
* klein, schlank und lebhaft
* kommt oft unter feuchtem Laub vor

Der Braune Laubfresser ist eine kleine, aber in unseren Gärten ziemlich verbreitete Art. Man findet ihn oft in feuchten Laubhaufen, humusreicher Erde oder unter Baumstämmen und Holzstücken. Er ist lebhaft und relativ schnell und macht oft seinen Körper flach, wenn er sich an der Oberfläche bewegt. Seine Farbe ist deutlich rötlicher und glänzender als beispielsweise die des Kleinen Wiesenwurms. Als Abbauer von Laub und anderem organischen Material ist er sehr nützlich. Der Braune Laubfresser kommt oft auch in frei liegenden Komposthaufen vor.

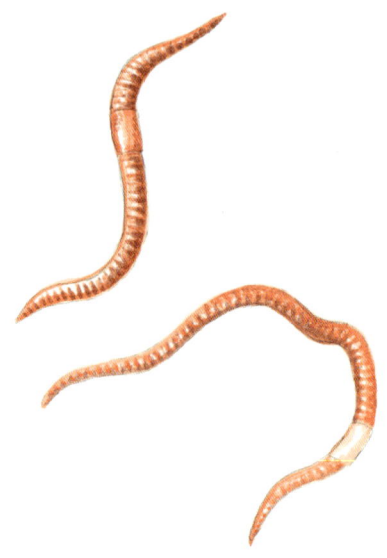

Kompostwurm Eisenia foetida

* Länge: bis zu 100 mm
* kräftig orange oder rot in der Farbe
* sondert eine gelbe Flüssigkeit ab, wenn man ihn anfasst
* sehr verbreitet in Mist- und Komposthaufen

Der Kompost- oder Mistwurm ist, wie der Name andeutet, an Komposthaufen oder andere Orte gebunden, in denen es reichlich organisches Material gibt, von dem er sich ernähren kann. Man findet ihn oft auch in Misthaufen, wo er in enormen Mengen vorkommen kann. Die kräftige Rot- oder Orangefärbung kommt daher, dass er mehr Hämoglobin hat als andere Würmer. Dies ist eine Anpassung, um in den ansonsten ziemlich ungastlichen Umgebungen, in denen er lebt, Sauerstoff aufnehmen zu können. Der Kompostwurm ist sehr lebhaft und wird deshalb gern als Fischköder benutzt, obwohl er bei Berührung eine übel riechende gelbliche Flüssigkeit absondert.

GLOSSAR

Biologische Vielfalt
Wird auch Biodiversität genannt; ist gleichbedeutend mit Artenreichtum und -vielfalt.

Biotop
Ein Begriff aus der Biologie für einen Lebensraum, der bestimmte besondere Eigenschaften hinsichtlich Topografie, Vegetation, Wasser, Boden oder etwas anderem hat, das ihm einen besonderen Charakter verleiht. Ein Biotop kann ein größerer oder kleinerer Lebensraum sein.

Destruent
Die Substanzenabbauer der Natur werden Destruenten genannt und reichen von Käfern über Würmer bis hin zu Mikroorganismen. Sie sorgen für die Feinverteilung von organischem Material und dafür, dass Nährstoffe freigesetzt und dem Stoffkreislauf zugeführt werden können. Ohne Destruenten könnte beispielsweise der Kompost nicht in Mutterboden umgewandelt werden.

Exoskelett
Bezeichnung des Außenskeletts, das Insekten und Gliederfüßer haben, im Unterschied zu unserem Innenskelett. Das Exoskelett ist meist hart und fungiert sowohl als Skelett zur Befestigung von Muskeln als auch als vor Feinden schützender Panzer.

flügge
Sobald ein Vogeljunges fliegen kann, ist es flügge.

Hermaphrodit
Eine Art oder ein Einzelwesen mit der Fähigkeit, gleichzeitig sowohl Männchen als auch Weibchen sein und sowohl Spermien als auch Eier produzieren zu können. Dies kommt vor allem bei wirbellosen Tieren, wie Würmern, Nackt- und Gehäuseschnecken, vor. Hermaphroditen können sich mit anderen Hermaphroditen gegenseitig befruchten (was zum Beispiel bei Nackt- und Gehäuseschnecken der Fall ist).

Imago
Die Bezeichnung für ein vollständig entwickeltes und geschlechtsreifes Insekt.

Migrant
Zugvogel. Wird oft auch auf ziehende Insekten, wie zum Beispiel den Admiral oder den Distelfalter, angewendet.

Mimikry

Wenn Tiere einer harmlosen Art äußerlich einer anderen ähneln, die giftig ist oder sich gut verteidigen kann. Der Grundgedanke dabei ist, dass der Angreifer sich an Warnfarben erinnert, oft Schwarz, Gelb oder Rot, und diese mit einem negativen Erlebnis verbindet. Auf diese Weise kann die ungefährliche Art Angriffen entgehen.

Nematoden

Eine andere Bezeichnung für Fadenwürmer. Dieser Tierstamm besteht aus über 20 000 Arten, die im Wasser – sowohl Salz- als auch Süßwasser – und im Boden vorkommen. Oft sind sie Parasiten von Tieren (und sogar Menschen). Die allermeisten sind sehr klein, während einige Eingeweideparasiten eine große Länge erreichen können.

Ökologisches Gleichgewicht

Wenn ein Gleichgewicht zwischen Pflanzen, verschiedenen Tiergruppen oder einzelnen Arten herrscht und sich das Ökosystem in Balance befindet. Oft ist dies ein empfindlicher Zustand, der leicht durch menschliche Eingriffe gestört wird, und in gewissen Fällen kann er sich nicht aus eigener Kraft wiederherstellen. Man spricht dann von irreversiblen Schäden am Ökosystem, das aus dem Gleichgewicht geraten ist, bis sich wieder eine neue Gleichgewichtssituation einstellt. In dieser gibt es dann oft eine völlig andere Artenzusammensetzung als zuvor.

Randzone

Der oft artenreiche Übergangsbereich beispielsweise zwischen Wald und Wiese. Die Randzone ist häufig durch blühende Sträucher und Bäume charakterisiert (zum Beispiel Schlehdorn, Weißdorn, Traubenkirsche oder Wildkirsche) und ist für viele Insekten und somit auch Vogelarten sehr wichtig.

Räuber

Prädator; ein anderer Name für Raubtier.

Rote Liste

Die nationale Rote Liste ist ein Verzeichnis von Tieren und Pflanzen, die vom Aussterben bedroht sind oder zurückgedrängt werden. Die Liste ist in verschiedene Bedrohungskategorien unterteilt. Sie wird jährlich von der Weltnaturschutzunion IUCN (International Union for Conservation of Nature and Natural Ressources) sowie von einzelnen Staaten und Bundesländern veröffentlicht. Die weltweite Liste kann auf der Homepage der IUCN eingesehen werden: www.iucnredlist.org

Ruderalfläche

Ein Stück „roher", kaum oder gar nicht bewachsener Naturfläche. Oft steinig, bergig oder aus anderen Gründen weniger ökonomisch wertvoll für Bewirtschaftungszwecke. Solche Flächen sind jedoch oft wichtig für die freie Natur in bebauten Bereichen, Siedlungen oder intensiv genutzten Gebieten und werden häufig zu Oasen für die Tier- und Pflanzenwelt.

Strichvogel
Vogelarten, die saisonale Wanderungen unternehmen, werden manchmal auch als Strichvögel bezeichnet. Die Vögel können jahreszeitgebunden in wärmere Länder fliegen oder örtlich zwischen Nahrungs- und Rastplätzen pendeln.

Tagesversteck
Der Ort, an dem viele Säugetiere tagsüber ruhen/schlafen. Bei größeren Säugetieren (Hufwild, Raubtiere usw.) kann dies eine dichtere Stelle im Wald sein, bei kleineren Arten handelt es sich hingegen eher um eine Hecke oder einen Strauch.

Teilzieher
Eine Vogelart, die uns entweder als regelrechter Zugvogel verlässt oder nur auf Nahrungssuche im Land umherzieht. Manche Arten kommen sowohl als Zugvögel als auch als Teilzieher vor.

Zieher
Anderes Wort für Zugvogel.

VERZEICHNIS LATEINISCHER TIERNAMEN

ISBN 978-3-8094-3107-7

Umschlaggestaltung: Atelier Versen, Bad Aibling
Illustrationen: Peter Larsson
Gestaltung: Pernilla Qvist
Übersetzung: SAW Communications, Mainz, Stephanie Busch
Projektleitung: Herta Winkler
Gesamtproducing: SAW Communications,
Redaktionsbüro Dr. Sabine A. Werner, Mainz
Satz: SAW Communications, Mainz,
in Zusammenarbeit mit INKA satz & grafik, Rudersberg
Herstellung: Sonja Storz

Druck & Bindung: Těšínská tiskárna, Český Těšín

Printed in the Czech Republic

Verlagsgruppe Random House FSC® N001967

Das für dieses Buch verwendete FSC®-zertifizierte Papier Profimatt
lieferte Sappi, Ehingen.

817 2635 4453 6271